发明创造思维与水处理技术变革

Inventive Thinking and Technological Innovation in Water and Wastewater Treatment

李志华 著

中国建筑工业出版社

图书在版编目（CIP）数据

发明创造思维与水处理技术变革 ＝ Inventive
Thinking and Technological Innovation in Water and
Wastewater Treatment / 李志华著. — 北京：中国建
筑工业出版社，2024.1
ISBN 978-7-112-29115-1

Ⅰ. ①发… Ⅱ. ①李… Ⅲ. ①水处理 Ⅳ.
①TU991.2

中国国家版本馆 CIP 数据核字（2023）第 170524 号

本书首先介绍 TRIZ 的基本概念，之后从矛盾视角剖析活性污泥系统的进化，解析水处理中场的应用，最后结合 TRIZ 理论体系论述了水处理中设备构筑物及生物处理法的技术创新与变革，以期提高工程师的创新素养及解决复杂问题的能力。

本书面向研究、设计，覆盖土木、环保等行业，主要读者是水处理相关行业工程师及从事研究、设计的行业人员、技术决策者、管理者和环境专业学生。

责任编辑：王美玲　赵　莉
文字编辑：勾淑婷
责任校对：李美娜

发明创造思维与水处理技术变革
**Inventive Thinking and Technological Innovation
in Water and Wastewater Treatment**
李志华　著
*
中国建筑工业出版社出版、发行（北京海淀三里河路 9 号）
各地新华书店、建筑书店经销
北京鸿文瀚海文化传媒有限公司制版
北京君升印刷有限公司印刷
*
开本：787 毫米×1092 毫米　1/16　印张：13¼　插页：1　字数：324 千字
2024 年 1 月第一版　　2024 年 1 月第一次印刷
定价：**48.00** 元
ISBN 978-7-112-29115-1
（41828）

前　言

在当前环境健康标准与科技进步双重驱动下，污水处理技术正处于一个历史性的转折点，充满了创新的机遇，同时也伴随着种种挑战。各个相关领域，无论是科技、工程还是环境科学，均呈现出多学科交叉融合的研究格局。为了寻找更具革命性的解决方案并超越传统研究范围，我们需要一个崭新的研究视角以及一个能指引我们迈向真正技术创新的方法论。随着环境标准的不断升级和水处理技术的持续进化，近年来的技术革命为我们提供了深入研究水处理技术演变的绝佳机会。鉴于此，我和我的团队于4年前开始着手撰写《发明创造思维与水处理技术变革》一书，旨在探寻技术创新与污水处理之间的融合点，并研究如何结合现代科技和创新策略，以推进水处理技术的进一步变革。

本书共分为8章，逐步介绍TRIZ理论及其在水处理领域的应用。第1章是本书的基础，系统梳理了复杂问题的思维方法与工具，尤其是TRIZ创新工具的应用。在实际的工程应用中，我们经常遇到一些似乎无解的复杂问题，而TRIZ方法提供了一种结构化的方法来解决这些问题。第2章回顾了技术的本质以及演化机制，聚焦于活性污泥系统技术的演变历程，帮助读者了解技术的历史背景和发展脉络，探讨水处理技术创新所面临的挑战和风险管理。第3章详细介绍了基于TRIZ的发明创造思维方法，包括问题描述、过程解决方案和问题九屏幕法分析等，详细介绍如何运用TRIZ工具解决实际的工程问题，以及如何将其应用到水处理技术中。第4章重点介绍了TRIZ中的矛盾矩阵工具及其在水处理技术中的应用，阐述了技术矛盾与物理矛盾之间的关系及其相互转化。第5章深入探讨了物场模型在水处理中的应用，通过实际案例展示了物场模型的应用价值和效果。第6章介绍了水处理中磁场、机械场、电场、声场、化学场和光场等场作用的原理及其解决方案，强调了场作用在水处理技术中的创新应用，并与TRIZ方法的关联。第7章和第8章聚焦于水处理装备技术和生物法水处理技术的创新与变革，以TRIZ方法为指导，分析了格栅、滤池、沉淀池、生物滤池、脱氮除磷工艺以及厌氧生物反应器在水处理过程中的发明原理，为读者深入了解现有技术的进化和未来的发展提供指导。附录部分介绍了39个通用参数及其在水处理行业的释义、矛盾矩阵表、牛津标准解、40条发明原理和76个标准解及其在水处理行业的应用，为读者提供更加全面的参考资料，助力读者更好地应用TRIZ理论。

我希望这本书能为您呈现一个全面、深入的视角，帮助您深入了解水处理技术的发展脉络。通过对TRIZ等创新方法的介绍，期望能激发工程师、研究者、学者和学生等各方人士的创新思维，推动这一领域的持续进步。这本书也十分适合作为高等教育中创新与创业相关的教材或参考书目。

最后，我想感谢所有参与本书创作的合作伙伴，不论您在哪一个环节都为此书的完成付出了努力。团队成员杨成建、胡以松、李可欣、李鑫、贾燕茹、邵琳钧、上官一将、马启栋、文正红、杨嘉威、赵潇璇、何金涛、王鑫、李蓝宇等参与了本书资料整理、绘图以及视频制作等工作。衷心感谢每位读者的关心与支持，愿本书为您带来深刻的启示与价值。

2023年8月

目 录

第1章 复杂问题的思维方法与工具

1.1 复杂问题概述

气候变化是当前最紧迫、影响范围最广、解决难度最大的全球环境问题之一。各国的政策选择、技术能力和经济条件差异巨大，使得全球气候治理成为一个复杂的系统工程。例如，发达国家和发展中国家的经济发展阶段不同，导致他们在环境保护和经济增长之间权衡时的优先级不同。发达国家在工业化过程中积累了更多的温室气体排放，而发展中国家则认为应该享有发展权利。不同国家的资源和技术能力不同，影响了他们应对气候变化的能力及付出的代价不同。显然，面对如此复杂的问题，很难第一时间给出最优解，仅能提出一系列可能解决问题的措施，即特定的解。由于每一个特定解都有其各自所附属的矛盾和不同约束条件，从而导致问题焦点模糊甚至有所改变。针对这些矛盾提出的行动方案备选范围扩大，不确定性增加。然而仔细考虑和精确评估每一个行动方案都将是一个无法预估的负担，这在时间上不允许。为了在很短的时间内选出一个针对性强和预期结果显著的行动方案，决策者在实践中通常是广泛征询意见，根据各方的经验、知识、直觉和意愿确定最终方案。

然而，在当前的工程教育中几乎所有的训练都是在培养回答问题的能力（即解决别人提出的问题），所有这样的问题实质都只是有章可循的"任务"。针对一个具体的任务而言其结果是确定的，就好比数学求解过程，掌握了一类题型，注重总结归纳，按照一定的步骤，就可以得出一个确定的结果。随着人工智能的发展，机器执行任务型工作能力增强，预计未来任务型工作将不再需要大量人力。而"复杂问题"与此不同，其解决方案是模糊的，存在多种解决方案的可能，每一个解都是在特定条件下给出的方案。显然，一个具体事件的解究竟是任务还是复杂问题，因人而异。不同的人求解事件所采用的方法与思维方式截然不同。当原有的思维方式与方法能快速准确地求解时，那么求解事件的过程就是执行任务；当执行任务无法完成预定目标，或达到预期结果时，显然这个任务就已经转化为复杂问题。例如针对工程设计中的某些具体问题，如特殊工况下是否设立雨水泵站等，往往需要通过专业评审会议进行反复论证，其实就是工程设计问题已经转化为复杂问题。

给水排水工程师在排水工程设计中，也会面临一些类似上述的复杂技术问题，而这些复杂技术问题常以矛盾的形式呈现。如图 1-1 所示，当设计城市污水管网时，所考虑的总成本主要包括管道成本、泵站成本在内的建设成本以及泵站在其整个生命工作周期内所需要消耗的能源成本。其中管道成本主要取决于管道的埋深、组装、运输以及管径大小。而泵站系统是一个相对独立的子系统，其成本价格不受管道成本价格的影响，或是影响较小，大致包括每一台泵相对固定的价格和泵房的土建成本。对于能源成本而言主要取决于城市污水需要提升的水量以及扬程，在城市污水管网中污水的水头损失越大，则所需要的泵功率越高；要使水头损失减少则所需管径增大，也就是说节约能源成本的同时增加了管道成本[1]。

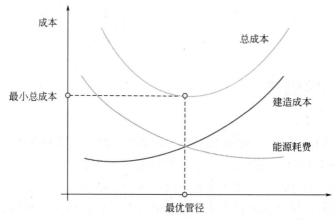

图 1-1　技术矛盾：提升一个性能往往会导致另外一个性能的恶化，最优管径采取综合
效益最大化作为管径选取的折中原则

　　基于此，为了从一个相对统一的角度来衡量管道成本和能量成本之间"此消彼长"的关系，相关学者们将"增加管道直径进而减少水头损失的总成本"与"不增加管径而增加水头损失的总成本"进行比较，提出了"最优管径"这一概念。"最优管径"解决了技术与经济的矛盾，实现了综合效益最大化。实践中称这类矛盾为技术矛盾，即提升某种性能需要付出一定的代价，这个技术是否可行需要根据综合效益考虑。

　　矛盾还有另外一种表现形式：不同的功能需求对系统同一参数提出了相反的技术需求，称之为物理矛盾。如图 1-2 所示，在生物脱氮工艺中，硝化过程需要较高的溶解氧且不需要碳源，而反硝化过程不需要溶解氧但需要碳源，因此要实现高效脱氮就需要提供两种完全不同的环境，解决物理矛盾的有效措施就是应用分离原理。因此可以看到几乎所有的生物脱氮工艺均采用了空间分离的措施，即将好氧硝化池和缺氧反硝化池分离。

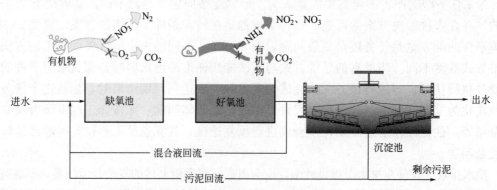

图 1-2　物理矛盾：实现不同功能对同一参数提出了相反的技术需求，典型脱氮除磷工艺
采用单元构筑物分离解决此类问题

1.2　复杂问题的特征

在工作和生活中出现较多的、困扰更大的大多属于复杂问题，这些问题往往需要快速梳理出解决的思路，提出解决方案。每当遇到问题的时候经常会用"啊！这个问题好复杂"之类的语句予以描述，这种描述往往混淆了问题的复杂性和烦琐性，因为两者的处理思路和方式是完全不同的。烦琐的问题容易定义，且结果容易预测，本质上是一项可以完成的"任务"，而复杂问题很难下定义，结果也不确定，本质上是一个存在多种解决方案的"问题"。这也是为什么人们常说提出一个问题比解决一个问题更重要，解决问题也许仅是一个实验上的技能而已，而提出新的问题，却需要有创造性的想象力，而且标志着科学的真正进步。

复杂性是现代工程问题的本质。环境工程与给水排水工程领域的一些问题，由于涉及生存环境、健康安全、伦理道德和可持续发展等诸多非工程因素，现有的工程标准和规范往往无法解决工程实践中出现的新问题。因此，《华盛顿协议》以及在此基础上的工程教育认证，对于培养工程师分析和解决复杂工程问题的能力提出了明确要求。针对这一点，在复杂工程问题的不同特征方面对人才培养要求见表 1-1[2]。

复杂工程问题的特征与推荐工具　　　　　　　　　　　　表 1-1

属性	华盛顿协议①	中国工程教育认证协会②	对应的创新思维辅助工具
知识的深度	WP1：必须有深入的工程知识才能解决，这些知识是指能够运用基本原理分析方法的一个或多个知识要求	CP1：必须运用深入的工程原理，经过分析才可能得到解决	科学效应库
冲突范畴	WP2：涉及大范围的或有冲突的技术、工程和其他问题	CP2：涉及多方面的技术、工程等因素，并可能有一定冲突	矛盾矩阵与分离原理
分析深度	WP3：没有明显的解决方案，需要抽象思维及原创性分析，以形成合适的模型	CP3：需要通过建立合适的抽象模型才能解决，在建模过程中需要体现出创造性	物场模型九屏幕法
问题熟悉度	WP4：涉及不太常见的问题	CP4：不是仅靠常用方法就可以完全解决的	头脑风暴
适用准则	WP5：属于专业工程实践标准和规范涵盖范围之外的问题	CP5：问题中涉及的因素没有完全包含在专业工程实践的标准和规范中	头脑风暴
利益相关者参与程度	WP6：涉及多种不同的利益相关者群体，他们具有广泛变化的需求	CP6：问题相关各方利益不完全一致	WSR 方法论
相互依赖性	WP7：属于高水平问题，包含许多组成部分或子问题	CP7：具有较高的综合性，包含多个相互关联的子问题	SLP 小精灵法九屏幕法

① 《华盛顿协议》是工程教育本科专业学位互认协议，其宗旨是通过多边认可工程教育资格，促进工程学位互认和工程技术人员的国际流动。工程学位的互认是通过工程教育认证体系和工程教育标准的互认实现的。我国的工程教育认证由中国工程教育认证协会组织实施，对外由中国科学技术协会代表中国加入《华盛顿协议》。

② 中国工程教育认证协会成立于 2015 年 4 月，是由工程教育相关的机构和个人组成的全国性社会团体，经教育部授权，开展工程教育认证工作的组织实施。协会致力于通过开展工程教育认证，提高我国工程教育质量，为工程教育改革和发展服务，为工程教育适应政府、行业和社会需求服务，为提升中国工程教育国际竞争力服务。

1.3 解决复杂问题的思维方式与求解工具

科学理论、科学技术发展的源头往往是一个问题，问题分为简单问题和复杂问题（还可以进一步细分为局部复杂问题和系统复杂问题）。一般情况下，当一个问题越复杂，它所蕴含的科学理论与技术的高度往往越高，问题一旦得到解决就会推动工业企业的革命性发展。

日常生活中出现的问题一般是简单问题，只需要区分"事实"与"假设"，运用线性推理就可以得到解决，而影响"事实"与"假设"判断力的往往是情绪。比如，某研究生将写好的论文给导师修改，由于问题太多被导师严厉批评，并指出他在研究过程中的态度、方法、分析等方面的问题。研究生很受委屈，认为自己比别人做得好多了，是导师故意找茬，于是将论文胡乱改了一下直接投稿了，结果不但没有被期刊录用，且再次被导师批评。这是一个简单问题，出现这种无效解决结果的原因是，研究生没有将"导师批评"这一问题的"事实"找准。"导师找茬"只是在他个人情绪左右下形成的一种"假设"，而"事实"是"导师发现了论文中的诸多问题，并指出了出现问题的原因"，至于导师表现出的"严厉"只是导师个人情感的表达方式，因人而异。由于研究生不赞同导师的个人情感的表达方式，没有找准"事实"，而是在自我情绪的左右下形成了一种"假设"，并在"假设"的基础上选择了解决问题的方式。这就是通常所说的"不要让情绪左右你的判断力"。

复杂问题的表象是问题比较宏观，头绪很多，但无从下手，没有直接的、固定的方法或者路径可以解决问题，问题的分析会引发更多的问题，很容易就陷入其中。由于问题的抽象性与高维性、多变量与非线性以及动态性与求解的多样性，理性的线性推理往往无法解决，必须转变思维方式，并借助求解工具才能获得理想解。求解复杂问题的思维方式有结构化思考、降维打击、变换尺度及群体决策等，求解工具包括头脑风暴法、SLP 小精灵法、因果分析法、九屏幕法及 WSR 方法论等。

1.3.1 解决复杂问题的思维方式

思维是人脑对客观现实的概括与间接的反映，它反映的是事物的本质与事物间规律性的联系，思维方式是人们观察、分析和解决问题的模式化、程式化的"心理结构"，通俗地讲，就是思考问题的角度或维度。解决复杂问题时不同的思维方式会形成不同的求解方法，从而导致不同的结果。求解复杂问题的思维方式非常多，下面就结构化思考、降维打击、变换尺度及群体决策四种思维方式进行阐述。

1. 结构化思考

结构化是将复杂问题分解成若干小问题的过程，即把问题分解成若干个子结论，每个子结论又分成若干论据，以此类推。也就是我们常说的条理清楚或思路清晰。常用的结构为金字塔结构，即由结论、论点、论据组成的"先总后分"的结构，其主要特征是主题鲜明、归类分组和逻辑递进。目前常用的思维导图就属于典型的结构化思维。

以下例子是典型的结构化思维方式：

我想去大城市工作，主要考虑到以下几点：

首先，工资高，大城市高薪职位更多……

其次，生活便利，各类设施都比较完善……

最后，充满新鲜，大城市有许多新的事物……

2. 降维打击

"降维打击"出自刘慈欣的经典作品《三体》，原指改变空间维度的一种攻击方式，现指改变对方所处环境，使其无法适应，从而凸显出己方的优越性，属于一种战略手段。在处理复杂问题上，要实现"降维打击"的前提是"升维思考"。本书第 5 章关于物场模型的分析很多时候可以认为是一种"升维思考"工具，新引入一种物质或者一个场就是突破原有的维度，亦有独辟蹊径的含义。在智能手机出现之前，解决屏幕与按键在空间上的冲突一直是产品升级的主要方向，有翻盖手机、推拉手机等，本质上这些变革都在一个维度，而智能手机将显示屏幕和按键输入合二为一，新增了一个触屏场，这种升级是革命性的，对手机的认识上升到了一个新的维度。因此智能手机与传统手机的竞争就属于"降维打击"，由此可见"降维打击"的结果往往是颠覆性的。高维的认知往往距离因果链的起点近，而低维的认知距离现象的结果近。科技创新就是一个不断进行"升维思考、降维打击"的过程。

3. 变换尺度

复杂问题在不同的时空尺度，会表现出截然不同的规律和特征。比如，早期研究对污水处理中活性污泥的认识仅停留在性状方面的宏观特征，但通过微观观测（显微镜分析），发现污泥其实是由大量的微生物组成的微观群落。再比如，达尔文的厉害之处在于，他没有像大多数人一样，从日常熟悉的感官世界里发现规律，而是把视角转换到跨越十万年甚至百万年的时间尺度，以物种为单位，去审视种群之间的相互作用关系。在这个宏大的尺度下，发掘生态系统的全新特征：物竞天择适者生存。

在实际的复杂过程中，对趋势的判断最为重要，如流行病的控制、抗洪抢险等。能有效解决复杂问题的人，往往是那些能够变换尺度去思考问题的人。对于趋势、系统变化等长期性、全局性复杂问题的判断，要从宏观的长线来看；而对具体性的复杂问题，则需要进一步下沉到产生问题的微观子系统里面找原因。

4. 群体决策

当个体无法解决一个复杂问题的时候，必须要转变思维，借用群体智慧。群体决策就是为了充分发挥集体智慧，让更多人参与复杂问题的分析与决策中来的思维方式。有些复杂问题往往涉及目标的多重性、随时间变化的动态性和状态的不确定性，这是单纯个人的能力远远不能驾驭的，比如问题的多学科交叉性及个人价值观、态度、信仰、背景的局限性等，因此，借助集体智慧有时能够有效破解复杂问题。

我国政府部门在制定政策之前，往往需要征求意见，听取各方面的意见反馈，这就是一种典型的群体决策思维模式。

1.3.2　复杂问题的求解工具

解决复杂问题光有思维方式不行，必须还要借助相应的求解方法，即问题的求解工具。解决复杂问题的求解工具非常多，下面就头脑风暴法、SLP 小精灵法、因果分析法、九屏幕法及 WSR 方法论进行简要阐述。

1. 头脑风暴法

集思广益是应对不确定复杂问题的有效途径，头脑风暴法就是群体决策、集思广益的一种有效形式。所谓头脑风暴是指一群人聚集在一起，自由思考，围绕特定主题产生新的想法和解决方案的一种方式，由此可见头脑风暴主要用于团队的创新活动。

头脑风暴将轻松、非正式地解决问题的方法与横向思维结合起来。它鼓励人们提出一些看起来有点疯狂的想法，其中的一些想法可以被精心设计成解决问题的原创性、创造性方案，而另一些则可以激发出更多的想法。这有助于从正常的思维方式中"振作起来"，从而摆脱困境。一般而言，头脑风暴包括三个阶段：捕捉灵感、讨论与批判、选择方案。在捕捉灵感的集思广益过程中，应该避免批评指责想法，要鼓励各种可能性，打破关于问题极限的错误假设。

头脑风暴一般以会议的形式进行，但这种会议要注意避免出现"跑题""一言堂"以及"野蛮争论"等丑陋的情况。早在 1917 年 2 月孙中山先生就在上海出版《会议通则》一书，也就是后来定名的《民权初步》，告诉人民如何在平等的情况下开会，包括如何组织社团、开会议事、提案辩论、表决选举以及解决争议等详细规则，其思想主要来源于彼时国际上比较通行的罗伯特议事规则。该规则归纳起来有以下五项原则：权利公正、充分讨论、一时一件、一事一议、多数裁决。会议过程包括动议、复议、决议等步骤，并遵循以下原则：

（1）动议中心原则：动议是开会议事的基本单元。"动议者，行动的提议也。"会议讨论的内容应当是一系列明确的动议，它们必须是具体、明确、可操作的行动建议。先动议后讨论，无动议不讨论。

（2）主持中立原则：会议"主持人"的基本职责是遵照规则来裁判并执行程序，尽可能不发表自己的意见，也不能对别人的发言表示倾向。

（3）机会均等原则：任何人发言前须示意主持人，得到其允许后方可发言。先举手者优先，但对当前动议未发过言者，优先于已发过言者。同时，主持人应尽量让意见相反的双方轮流得到发言机会，以保持平衡。

（4）立场明确原则：发言人应首先表明对当前待决动议的立场是赞成还是反对，然后说明理由。

（5）发言完整原则：不能打断别人的发言。

（6）面对主持原则：发言要面对主持人，参会者之间不得直接辩论。

（7）限时限次原则：每人每次发言的时间有限制（比如约定不得超过 2 分钟）；每人对同一动议的发言次数也有限制（比如约定不得超过 2 次）。

（8）一时一件原则：发言不得偏离当前待决的问题。只有在一个动议处理完毕后，才能引入或讨论另外一个动议（主持人对跑题行为应予以制止）。

（9）遵守裁判原则：主持人应制止违反议事规则的行为，这类行为者应立即接受主持人的裁判。

（10）文明表达原则：不得进行人身攻击，质疑他人动机、习惯或偏好，辩论应就事论事，以当前待决问题为限。

（11）充分辩论原则：表决应在讨论充分展开之后进行。

（12）多数裁决原则：（在多数通过的情况下）动议的通过要求"赞成方"的票数严格多于"反对方"的票数（平局即没通过）。弃权者不计入有效票。

近年来，美国麻省理工斯隆商学院的资深讲师赫尔·葛瑞格森提出了名为"问题爆炸"（Question Burst）的头脑风暴方法，即问题就是答案，在这种头脑风暴变体中求索的目标是问题本身，而非答案。这种具体的方法实际上是一种更为广阔的认知：新的问题能够启发新的观点，有时甚至能改变局面。这种关注问题而非答案的头脑风暴，更有利于克服既有的认知偏见，启发新思维。如图 1-3 所示，问题爆炸式头脑风暴主要包括以下几个步骤：第一步，用两分钟理解透彻所面临的问题并提出挑战；第二步，用三分钟提出与本问题相关的问题，尽可能多地、大

图 1-3　头脑风暴法

胆地、随意提问，同时不作出任何回答和解释；第三步，选取几个重要的问题进行讨论与想法碰撞，从而得到问题的解决方案；第四步，若问题未有效解决，重复进行以上步骤。

2. SLP 小精灵法

SLP 小精灵法（Smart Little People）是一种重要的创新思维模型，这种思维模型简单说来就是深入所需解决问题的系统内部，属于变换尺度的思维方式。这种思维模型设想系统由若干懂得如何解决该问题的小精灵团队构成，将自己代入其中一个小精灵，这是一种从宏观到微观的思考模型，犹如庖丁解牛三年之后的状态——"始臣之解牛之时，所见无非牛者；三年之后，未尝见全牛也"。当面对无从下手的问题时，小精灵将思考从宏观转向微观，转换了思考问题的视角，将复杂问题视作由相互关联的子系统或子过程构成的系统。使用小精灵就是将系统的这些内部联系分解成若干个相互关联的实施步骤，从而解放思想束缚，获得解决方案。

小精灵法模拟了问题解决的过程，采用形象的图形化手段，对若干小精灵在矛盾核心处的特征行为进行分析，从而找到打破思维僵局的办法。在该方法中，每一个小精灵都代表着一个独立的子系统或理解问题时的不同元素。小精灵可以无限死亡无限复生，只要情境需要，它也可以被赋予人类所具有的一切行为特征和思考方式，它甚至可以基于环境的需求被赋予各种特性，如：磁性、电性、黏性、热冷，可以跳跃、收缩和生长，可以积累能量、消除摩擦等。通过对每一个小精灵进行添加或者删除特定的行为或者属性，可以看到各种解决方案的利弊和一些改善系统的关键性数据，从而对系统进行完善；对小精灵行为以及反应特征的分析，能够发现之前被忽略的细节，以便更好地理解问题并找到解决方案。

下面就是一个使用小精灵法解决问题的典型案例：

在实际生活生产中，水中氧的含量是一个重要指标，但事实上氧是难（微）溶于水的，因此在民间制作泡菜时，往往采用水封的方法为泡菜提供厌氧发酵环境，避免氧气的混入。水处理工艺中的曝气环节是将氧气溶于水的过程，那么如何提高曝气效率呢？这看似是一个非常专业的技术问题，如果只关注如何提高效率，面对如此专业的问题显然无从下手。但倘若采用小精灵法对这一过程进行分析，其改善途径就非常容易理解，也很快可以找到答案。

如图 1-4 所示，首先将空气简化为代表氮气和氧气的两种小精灵，将水当作第三种小精灵，把氧溶解于水形象地理解为氧精灵与水精灵的紧密拥抱。当绘制这个过程图时，由于空气中大部分是氮精灵，立刻可以看到氮成了这个过程的有害精灵。因此，要提高氧精灵和水精灵的拥抱概率，将氮精灵移除是一个可以考虑的途径。在工程中，有一种方式就是在曝气之前就将空气中的氮气和氧气进行分离（如采用空分分子筛），即纯氧曝气。

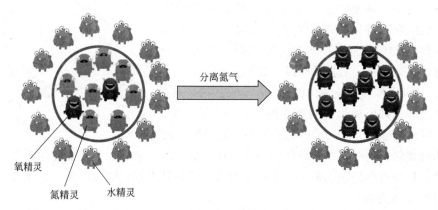

图 1-4　用小精灵法表示的纯氧曝气过程

进一步考虑，如果水中有杂质，需要添加一个新的杂质精灵，如图 1-5 所示，可以发现杂质精灵也会降低氧精灵和水精灵拥抱的概率，特别是当杂质为油类等物质时，会包裹在空气界面，从而大大降低水氧精灵的拥抱概率，这也是为什么在生物处理曝气单元之前往往需要除油。

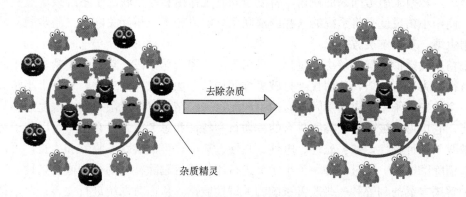

图 1-5　用小精灵法表示通过除油增加气液的接触面积对曝气过程的影响

如果再进一步分析，氧微溶于水，也就意味着氧精灵和水精灵的拥抱是一个慢热过程，由于他们之间的作用速度较慢，就不可避免出现排队的情况。如何解决排队问题呢？在现实生活中，一般会增加服务时间，或者多开几个服务窗口，增加提供服务的队列。

那么如何增加服务时间呢？就是在曝气过程中，让气泡在水中多停留一会儿，如图 1-6 所示，可以考虑从池子底部进行曝气，增加气液接触时间，获得较好的曝气效果，而这就与曝气装置的安装深度有关。

如何增加服务队列呢？其中一个措施就是增加气泡的个数，如图 1-7 所示，即采用较

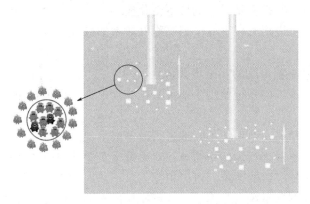

图 1-6　用小精灵法表示曝气深度的增加

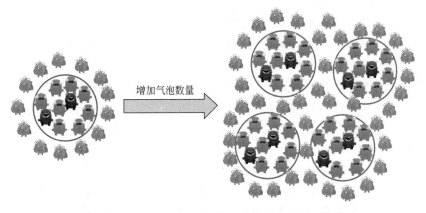

图 1-7　用小精灵法表示增加气泡个数对曝气过程的影响

高的空气流速（在单位时间内形成更多的气泡数量）增大曝气量。在实际生产中往往通过调节风机的频率来提高气体量的供应，从而实现溶氧的调节。

假定需要控制空气的供给量，又如何增加服务队列呢？这时候可以将大气泡分成若干个小气泡，如图 1-8 所示，则可以增加气液接触面积，这是在曝气中缩小气泡尺寸就有利于提高曝气效果的原因。

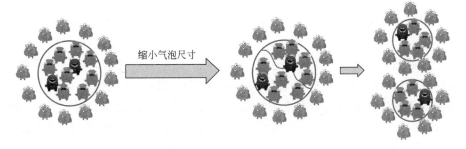

图 1-8　用小精灵法表示缩小气泡尺寸对曝气过程的影响

更进一步分析，已经拥抱的氧精灵和水精灵如果占据位置不动，显然会对后续精灵的拥抱产生影响，因此快速移走已经结合成对的精灵，也是提高传质的关键。在实践中通常通过良好的搅拌措施，来提高精灵们的位置变化速率，从而提高氧的传递效率。

通过以上分析，可以得到以下几个提高曝气效率的措施：纯氧曝气、微孔曝气、深井曝气等。

综上可知，SLP 小精灵法的实施步骤包括：

第一步，对需要改进的系统使用小精灵法进行建模。用小精灵完善或者代替系统所处的情景以及系统本身。

第二步，应用小精灵，对系统不断地进行改善或重建。如改变现有小精灵的行为；适当引入或者删除具有不适当行为的小精灵；对系统本身进行修改或者使用具有特殊行为的小精灵。为了得到更加完善的系统，可以根据需求不断地对小精灵行为进行更正。

第三步，思考模型和系统（步骤二）的可操作性，用小精灵详细描绘作用过程以确定最合适的方案。

3. 因果分析法

探寻事物之间的因果关系是人类最基本的求知欲之一。复旦大学胡安宁教授在《应用统计因果推论》一书中指出，因果是指原因和结果，因果关系则是原因和结果的关系。什么是因果分析？因果分析是分析彼此之间的因果关系。

因果分析法是利用事物发展变化的因果关系进而认识问题的产生原因和引起结果的辩证思维方法。因果分析法的核心是抓住本质的内因与结果，而不是似是而非的因果关系。本质的内因与其结果之间存在逆关系，即"原因可证明结果"，同时"用结果来推论原因"，彼此互为充要条件。

因果分析法，又名鱼骨分析法，由日本管理大师石川馨提出，是一种发现问题"根本原因"的分析方法，现代工商管理教育如 MBA、EMBA 等将其划分为问题型、原因型以及对策型鱼骨分析法等几类先进技术分析。以下是因果分析法的制图步骤：

第一步，分析结构。

按照结构化思维的方法，对问题进行剖析。判断出导致问题产生的主要矛盾和次要矛盾。若系统产生的问题由若干个主要矛盾和次要矛盾决定，需要分别判断出主要矛盾和次要矛盾内部各个分支矛盾的逻辑关系和从属关系。

第二步，分析要点。

针对主要矛盾和次要矛盾的产生，分析其原因。此时可以采用头脑风暴法、SLP 小精灵法、逆向思维法，尽可能多地列出问题出现的可能原因。如果是现场作业，可以从人力、材料、机械等方面着手；如果是管理类问题，可以从人物、时间、地点、物质等方面入手。

每一个矛盾由一个或若干个因素造成。此时需要进一步细化，若为多因素共同导致，需要确定因素之间的逻辑因果关系、从属关系，明确大要因、中要因、小要因。

大要因必须用中性词描述（不说明好坏），中、小要因必须使用价值判断（如……不良）；小要因与中要因之间有直接的原因—问题关系，小要因应分析至可以直接下对策为止。

第三步，绘图过程。

如图 1-9 所示，首先填写鱼头（按为什么不好的方式描述），画出主骨；其次，画出大骨，填写大要因；然后，画出中骨、小骨，填写中小要因；接着，用特殊符号标识重要因素。此外，绘图时，应保证大骨与主骨成 60°夹角，中骨与主骨平行。

第四步，使用步骤。

根据鱼骨图上的不同问题，采用头脑风暴法进行合作讨论，思考为什么会出现这种问题以及问题的解决方案。其次将问题的解决方案进行细分，将每一个解决方案当作一个新的问题，采用 5W1H［原因（Why）、对象（What）、地点（Where）、时间（When）、人员（Who）、方法（How）］的方法思考其解决问题的本质原因。如此反复，对问题的答案层层剖析，直到无法进行。此时所面临的复杂问题在鱼骨图上和讨论中将迎刃而解。

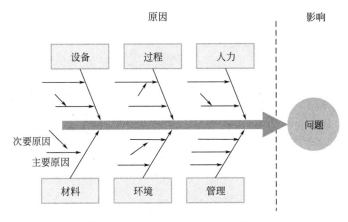

图 1-9　鱼骨分析法（因果分析法）

下面以污水活性污泥处理工艺中常见的污泥膨胀问题[3] 为例，对因果法的使用进行说明。

分段进水多级 A/O 工艺是污水处理厂常用的脱氮除磷工艺，如图 1-10 所示，是由多个 A/O 工艺串联而成，原水按照一定的比例进入每一个 A/O 工艺单元即子系统的首端——厌氧段，回流污泥则从整个池子首端的厌氧池进入。此工艺从形式看属于后置反硝

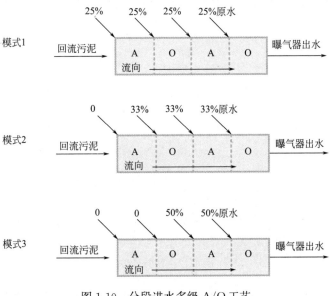

图 1-10　分段进水多级 A/O 工艺

化，且碳源均来自污水本身，极大地节约了成本，由于污水分段进入反应器，致使回流污泥的稀释延迟，形成了一定的污泥浓度梯度，提高了有机物的去除率。

但当进水水量与水质、环境因素、运行操作控制等变化时，微生物便会随即产生一系列不良反应致使污水处理性能变差，如污泥沉降性能下降、污泥流失等，最严重的是出现污泥膨胀。为了解决分段进水多级 A/O 工艺污泥膨胀现象，采用鱼骨法进行问题分析，如图 1-11 所示。

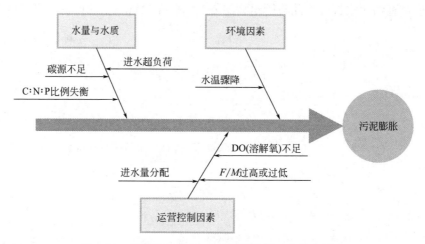

图 1-11　多级进水 A/O 工艺污泥膨胀－鱼骨分析法

根据鱼骨图分析，可针对性地采取以下措施：改变原有的进水比、增大曝气量、特殊情况下投加混凝剂。

4. 九屏幕法

九屏幕法是一种综合考虑问题的方法，是指在分析和解决问题时，不仅要考虑当前系统现在、过去与将来情境，还要考虑其超系统和子系统的现在、过去与将来情境，如图 1-12 所示。它能对情境进行整体考虑，从结构、时间以及因果关系等角度对问题进行全面、系统地分析。

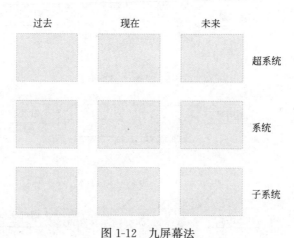

图 1-12　九屏幕法

在开始解决问题时，可以先在时间和空间上进行思考，这有助于理解与一个问题相关的各个方面的问题，并找到与之相关的一系列解决方案。针对复杂问题，将其映射到九宫格中可以帮助理解最初令人困惑的问题，然后就可以从源头来处理问题。当有效了解一个复杂的情况时，就可以厘清许多解决方案的可能性，而空间思维会增加有效找到解决方案的可能。

使用上述九宫格可以在时间和空间上映射任何情况、问题或系统。时间意味着思考系统的过去、现在以及它的未来是怎样的，空间意味着了解系统的背景，从大到小，逐级搜寻与之相关的细节。

九屏幕法的主要作用是帮助查找解决问题所需的资源，所以该方法又被称为"资源搜索仪"。解决任何问题都需要使用资源，一些资源以显性形式存在，容易发现并得以利用，这类资源被称为"显性资源"。另一些资源则是以隐性形式存在，一般不易被发现，也就谈不上利用，这类资源被称为"隐性资源"。

利用九屏幕法查找资源的思路包括：

① 从系统本身出发，考虑可利用的资源；

② 考虑子系统和超系统中的资源；

③ 考虑系统的过去和未来，从中寻找可利用的资源；

④ 考虑子系统和超系统的过去和未来。

（1）时间轴的意义

从时间轴考虑有助于思考从过去到未来的趋势。可以看到什么时候发生了重大的变化，并从现在的境地，展望未来的发展方向。描绘过去，有助于了解现在；描绘未来，可以洞察想要什么、想要去哪里以及现在需要怎么做才能到达那里。

从时间轴考虑包括当前系统的"过去"及当前系统的"未来"。当前系统的"过去"，指考虑在问题出现前发生于合适层级（包括系统、超系统或子系统）上的事件。通常，这些事件是制造过程中的"先前"操作，或者是系统生命周期的"先前"阶段。因此，每个屏幕都可以代表发生在"过去"的多个事件。从防止问题出现的观点来看，应该对这些事件进行综合考虑，因为它们可以进行改变，这样问题就不会在将来出现。当前系统的"未来"，指考虑在问题出现后发生于合适层级（包括系统、超系统或子系统）上的事件。通常，这些事件是制造过程中的"后续"操作，或者是系统生命周期的"后续"阶段。因此，每个屏幕都可以代表发生在"未来"的多个事件。从消除问题不良后果的观点来看，应该对这些事件进行考虑，通过对其改变，防范潜在的损害。

（2）空间轴的意义

从空间轴考虑可以帮助找到相关问题的答案，比如系统的处境或问题的背景。在查看技术系统时，脑海中可能会产生一些问题：它是另一个系统的一部分吗？它周围的环境是什么？从"空间"轴考虑也是对细节的思考：有哪些组成部分？哪些细节是相关的？在空间上思考可以清楚地看到系统周围的一切，也可以反转，专注于并查看所有细节和子系统。

从空间轴考虑包括"子系统"和"超系统"。如图 1-13 所示，"子系统"旨在考虑系统包含的单元，系统在适当的时段（即过去、现在或未来）处于运行状态。通常，此类子系统可以代表系统的某些组件、系统所消耗的"投入"或者系统所产生的"产出"。"有意"与"无意"的投入都应予以考虑，"有用"（产品）与"有害"（废物、副产品、副作用）的产出也是如此。因此，每个"子系统"屏幕都可包含多个不同的子系统、投入及产出。"超系统"旨在考虑某一高级别系统的单元或某过程，或是系统运行于其中的邻近环境。因此，每个"超系统"屏幕都可包含多个不同的超系统及其环境。从提供资源以防止问题出现的观点看，应该考虑此类超系统的组件，这样就能抵消探讨问题时产生的不良作用，或是消除它的不良后果。

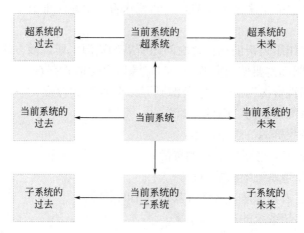

图 1-13　系统思维的九屏幕法

时间和空间可以帮助解决所有类型的问题，即使知识的水平和理解有限，但凭借着九宫格便可以解决各种类型的问题并发挥创造力。在深入研究细节时，也要控制随之产生的问题，需要专注于我们可以判断和评估相关问题的点上，并展现在脑海中，显然九个概念是可以同时高效处理的数量，可以最大限度扩展对问题的理解。

九屏幕法举例分析——详见第 7 章 7.1 节，格栅在水处理过程中的变革及其发明原理剖析。

5. WSR 方法论

"物理—事理—人理"系统方法论（Wuli—Shili—Renli System Approach，简称 WSR 方法论）[4] 是顾基发研究员于 1994 年访问英国赫尔大学（University of Hull）系统研究中心时，和朱志昌博士共同研讨提出的一种东方系统方法论。目前 WSR 方法论越来越受到重视，相关研究成果数量不断攀升，在系统科学、信息科学、评价领域和管理科学等多个领域得到应用。系统方法论是指在一定的系统哲学思想指导下用于解决复杂系统问题的一套工作步骤、方法、工具和技术。东方系统方法论起源于中日学者之间的学术交流。在 20 世纪 90 年代初，日本椹木义一提出了西诺雅卡系统方法论，我国钱学森提出了综合集成方法论。顾基发研究员在 1993 年访问日本时，椹木义一提出中日共同合作开展系统方法论研究，并建议称为"东方系统方法论"研究[4]。

WSR 方法论来源于中国，形成于西方系统方法论的环境，是东西方系统方法论合作而产生的成果。1994 年，顾基发和高飞在总结 WSR 方法论前期研究成果的基础上，对 WSR 方法论的物理、事理和人理的概念、内容和应用原则进行界定。WSR 系统论认为，面对复杂系统的复杂问题时，在处理过程中不仅要考虑组成系统的物（W）的方面，也要关注保障系统组成物能更好运行的事（S）的方面；同时，在发现问题、分析问题以及作出决策帮助解决问题的过程中，都需要人来主导，一切都离不开人（R）的方面。运用 WSR 系统论对研究对象的物理—事理—人理进行综合分析研究，可以知道物的演化机理、明白事的运行机理、通晓人的决策行为机理，在实践中践行"懂物理、明事理、通人理"的理念，有助于研究更为复杂和更深层次的问题[4,5]。

WSR 系统论认为社会事态由物、事、人组成，处理这类事态应从整体性的角度出发并考虑以上三个因素。在 WSR 系统论中，"物理（W）"代表物质运动的规律总和，它不仅包括狭义的物理，还包括生物、化学、天文、地理等。"事理（S）"是人参与物理运动的过程机理，主要是指基于现实环境和规律而产生并用以指导人类实践活动的方法，比如对所有的设备、材料、人员的合理安排。"人理（R）"是指解决某系统问题过程中人们之间的相互关系及变化，通过调节人与人之间的关系以实现项目或问题的预期目标，研究内容主要是结合心理学、社会学以及行为学等多学科知识来分析人的心理、行为、价值取向等。在哲学领域，WSR 系统论中的"人"和"物"分别代表实践及认识的主体和客体，而"事"主要指实践和认识的活动，其内容简述见表 1-2[4,5]。

WSR 系统论内容　　　　　　　　　　　　　　表 1-2

	物理（W）	事理（S）	人理（R）
基本含义	客观物质世界	事物的机理	人们之间的关系
核心问题	是什么？	怎么做？	是否做？
所需知识	自然科学	运筹学、系统工程、管理学	社会科学
应遵循准则	可靠、准确、真实	可操作、有效、合理	和谐、竞争、合作、公平

WSR 方法论自提出以来，理论研究和社会实践相互促进，在国内外都得到了很大发展。在早期研究中，理论性研究偏多，主要集中在标准规范、社会项目管理和资源管理等一系列软科学研究项目。另外，基于 WSR 方法论实现了中华人民共和国国内贸易部商业管理信息系统的评价和企业管理软件包的研发。随着全球系统工程与科学研究内容、方法和问题的发展，交流融合越来越多，WSR 方法论不仅是东方的一种系统方法论，在国际上也受到了关注与研究。尤其是随着互联网时代的到来，WSR 方法论应用的范围和领域越来越广，在制造业、安全生产、供应链管理等多个领域均有涉及。

顾基发等依据 WSR 系统论领域丰富的理论和实践经验，总结提出了 WSR 系统论 7 步工作步骤[4]：（1）对工作对象意图的了解；（2）制订可实现的目标；（3）进行调查分析；（4）根据前期工作制订实施方案；（5）根据实际情况选择合适方案；（6）协调物理、事理、人理及各工作步骤关系；（7）实现前期构想。他还认为每个部分实行顺序不固定，且协调关系贯穿于整个工作流程。朱志昌教授基于此提出了"6 步骤 1 因素"的说法，如图 1-14 所示，认为将协调关系作为影响全局的因素单独考虑，更能体现以人为本的理念。

图 1-14　WSR 系统论工作步骤

举例分析——基于 WSR 系统论的污水处理过程。污水处理过程是一个复杂动态的生物化学过程，因此控制系统的可靠性和稳定性显得尤其重要。它涉及生物反应、物理化学反应、相变过程及物质和能量的转化和传递过程，是一个典型的复杂系统，各种水质参数之间存在强烈的耦合和关联，用单一的参数不可能描述清楚其变化规律[6]，因此，污水处理是解决复杂问题的过程。同时，污水处理厂的运行管理过程也涉及多方利益群体之间权利、责任及利益等的分配与协调，是物理、事理与人理的有机结合与和谐统一。

（1）物理分析（W）

基于 WSR 方法论，污水处理厂的物理是指污水生物处理过程中人们面对的客观存在，强调客观性，即回答"生物过程是什么？实现的方式是什么？"的问题[7]。活性污泥法作为城镇污水处理厂广泛采用的一种生物处理技术，是在人工曝气条件下，对污水和各种微生物群体进行连续混合培养，形成活性污泥。然后通过活性污泥的生物凝聚、吸附和代谢作用分解去除污水中的污染物。最后通过污泥絮体的沉淀，实现泥水分离。因此，活性污泥处理污水过程的客观存在是活性污泥的形成与维持、活性污泥微生物增殖与代谢以及活性污泥絮体沉淀与分离等物质运动规律的总和。

为了实现这种运动规律构造了工艺设备（如 AAO、AO、氧化沟、SBR 等工艺设备）作为活性污泥形成与维持、微生物增殖与代谢及污泥絮体沉淀与分离的"载体"，并为其提供环境条件（如温度、营养物质、溶解氧、pH、水量、有毒物质等条件指标）与运行条件（如污泥负荷、污泥龄、污泥回流比、水力停留时间等运行指标）。同时，为了表征活性污泥的性能设置了混合液悬浮固体浓度（MLSS）、混合液挥发性悬浮固体浓度（MLVSS）、呼吸速率等污泥微生物性能指标，以及污泥沉降比（SV）、污泥容积指数（SVI）等污泥沉降性能指标。综上，污水处理厂的物理因素主要是工艺设备、活性污泥微生物代谢与污泥絮体分离机理，以及工艺的条件指标、运行指标及活性污泥性能指标。

（2）事理分析（S）

基于 WSR 方法论，污水处理厂中的事理指污水生物处理过程中人们面对客观存在及其规律时介入的机理，即回答"怎样通过工艺设备实现活性污泥性能指标处于最优状态？"的问题。污水处理的最终目标是使净化后的出水水质满足生态环境要求，为此，根据社会发展与生态环境状况及发展趋势，制定了污水处理厂出水水质标准。同时，针对工艺设备，结合技术知识与实践经验，制定了工艺设备设计、建造与运行管理的技术规范（既包括行文的规程、指南、手册等，也包括口口相传的"经验"、约定俗成的"规矩"等）。

此外，为了实现污泥微生物代谢与絮体分离的可靠性和稳定性，将代谢、分离机理与指标耦合，解析其逻辑关系，形成调控策略。所谓可靠性是指出水水质指标与标准的符合度，工艺与规范的符合度；所谓稳定性是指调控策略的准确性，可靠性是目标，稳定性是保证。污水处理厂的调控策略从两个途径获取：一是利用知识和经验，结合统计分析手段，从污水处理厂长期运行的费用、效率和稳定性等角度来获取；二是利用知识和经验，预设工艺的条件参数、运行参数及活性污泥性能参数，运用机理模型，模拟和优化这些参数来获取。前者的准确性取决于运用的时间序列分析、大数据分析、物料平衡分析等统计手段的合理性，后者的准确性取决于预设指标参数的合理性及运用的逻辑分析、数值模型、模拟推演等手段的合理性[8]。综上，污水处理厂治理因素主要是出水水质标准、工艺技术规范及调控策略。

（3）人理分析（R）

基于 WSR 方法论，污水处理厂的人理是指污水处理过程中人们之间的相互关系及其变化过程，这里主要涉及三个群体，一是排污群体，二是污水处理执行群体，三是污水达标监管群体。人理分析就是通过研究和理顺群体间的人理因素、相互关系及协调方式，促进三个群体的人能够按照可接受的事理去实现预定目标。排污群体的人理因素包括排污企业、组织、个人及排污标准体系；污水处理执行群体的人理因素包括污水处理厂的人员结构、组织方式及管理制度；污水达标监管群体的人理因素包括政府、执行人员及法律体系。相互关系是指在标准体系、管理制度及法律体系之下，三个群体之间的权利、责任及利益等。协调关系是指通过人的目的、认知、知识、价值观与人际关系等的研究，从责任权利等方面进行协调，避免冲突，做到有章可循，有法可依，实现相关群体人员利益的最大化。综上，污水处理厂人理因素主要是标准体系、管理制度与法律体系，排污群体、执行群体与监管群体人员，人员间相互关系与协调方式。

WSR 方法论在污水处理过程中的综合体现见表 1-3。物理分析的焦点是污泥微生物代谢与污泥絮体分离过程与指标体系的吻合度，主要目标是通过工艺设备与机理的分析，精准控制工艺的条件指标、运行指标及活性污泥性能指标。事理分析的焦点是调控策略与标准、规范的吻合度，其主要目标是在水质标准、技术规范的指导下，结合知识经验，借助统计分析或机理模型，形成精准的调控策略，实现污水处理的可靠性与稳定性。人理分析的焦点是利益相关群体人员之间相互关系的协调性及标准、制度与法律的执行情况，其主要目标是明确标准、制度与法律，厘清责任、权利与利益，做到有章可循，有法可依，通过全面协调，构建和谐的相互关系。因此，污水处理过程中的物理—事理—人理因素构成一个有机系统。物理因素是前提与基础，事理因素则是物理因素得以合理运用的具体方法与手段，人理因素始终贯穿于整个过程之中，通过相互关系的协调，构建和谐的人际关系，使物与事等资源得以合理配置，物理、事理得以充分发挥[9]。而实现物理、事理与人理的有机结合、和谐统一，应充分重视物理的真实、正确与客观性，事理的协调、可靠与稳定性，人理的全面、公平与和谐性。

WSR 方法论在污水处理过程中的综合体现　　　　　　　表 1-3

层面	对象与内容	焦点	目标	原则	所需知识
W	工艺设备、污泥微生物代谢与絮体分离机理，及工艺的条件指标、运行指标及活性污泥性能指标	污泥微生物代谢与污泥絮体分离过程与指标体系的吻合度	从工艺设备与机理出发，精准控制各项指标	忠实、正确、客观	水污染控制工程学、环境微生物学、环境法学
S	出水水质标准、工艺技术规范及调控策略	调控策略与标准、规范的吻合度	通过调控策略，实现运行的可靠性与稳定性	协调、可靠、稳定	环境法学、工程控制学、管理科学、逻辑学、统计学
R	标准体系、管理制度与法律体系，排污群体、执行群体与监管群体人员，以及成员间相互关系与协调方式	利益相关群体人员之间相互关系的协调性及标准、制度与法律的执行情况	从责、权、利出发，全面协调，做到有章可循，有法可依	全面、公平、和谐	法律学、管理科学、行为科学、人文知识

（4）基于 WSR 方法论的污水处理厂故障成因分析

污水处理厂故障是普遍存在的问题，比如生态环境部 2018 年公布的超标企业情况显示，第二季度严重超标的 158 家企业中，78 家为污水处理厂，占超标企业总数 49%，部分污水处理厂连续多次超标，其中不乏大型污水处理企业，"治污"企业居然成了"排污"大户？并且有很多污水处理厂对超标原因并不清楚，比如，公众环境研究中心和绿色江南两家环保机构在 2017 年至 2018 年对 200 多家超标污水处理厂举报收到的政府反馈发现，设备故障占 13%，监测设备故障/数据有误占 28%，进水超标占 12%，能力不足占 15%，未说明占 27%，其他占 5%，其中，后三项就是"不清楚超标原因"的表现，占到了47%。为此，这里基于 WSR 方法论对污水处理厂故障成因与诊断方法进行分析，以期从"物—事—人"的角度形成污水处理厂故障诊断的系统思维。

根据国际会计师联合会技术流程故障检测、监督和安全研讨会（IFAC SAFEPRO-CESS）的定义，故障是指至少一个系统特征或者变量出现了不被允许的偏差。根据故障的成因，有人从系统构成角度将故障分为执行器故障、元件故障和传感器故障等，也有人从系统过程角度将故障分为过程参数的变化、干扰参数的变化、执行机构和传感器的问题以及执行器的饱和等[6]。在 WSR 方法论中，物理是前提与基础，事理是具体方法与手段，人理是为了让物理、事理得以充分发挥而形成的人们之间的相互关系与协调方式。从WSR 方法论来看，故障的形成是由于系统的物理因素出现了事理或人理不被允许的偏差。结合 IFAC SAFEPROCESS 技术研讨会的定义，这里也将影响污水处理厂的物理因素分为系统特征和变量参数两个内容。系统特征包括工艺特征、活性污泥微生物活性及污泥絮体分离特征，变量参数包括工艺条件参数、运行参数及活性污泥性能参数。系统特征的偏离（往往用"异常""不合理"等词语来描述），表现在工艺特征中，如工艺设备中的提升水泵流量变小、输送管道堵塞、电器元件不工作等，如曝气池中的池体容量不够、曝气头老化、鼓风机喘振等，如沉淀池中的刮泥机异响、浮渣斗积渣、出水堰出水不均等；表现在活性污泥微生物活性特征中，如污泥解体、污泥膨胀、丝状菌过多、污泥变黑、反硝化菌减少、曝气池表面棕色泡沫等；表现在污泥絮体分离中，如污泥上浮（漂泥）、表面出现黑色块状污泥、出水带细小悬浮颗粒等。变量参数的偏离主要是工艺条件参数、运行参数及活性污泥性能参数的变化（往往用"高于或低于""偏高或偏低"等词语来描述），如条件参数中，冬天导致的温度低于 $10\,^{\circ}\mathrm{C}$、下雨导致的进水量增加、上游企业排污导致的有毒物质偏高以及曝气池 pH 低于 6.8 或高于 8.5、曝气池 DO 低于 $1\mathrm{mg/L}$、缺氧池 DO 高于 $1\mathrm{mg/L}$ 等[10]。如图 1-15 所示，当工艺设备、活性污泥微生物活性及污泥絮体分离异常时，会导致调控策略的失衡，从而造成条件参数、运行参数及活性污泥性能参数的偏高或偏低，反之亦然。当工艺设备、微生物活性及污泥絮体分离特征出现水质标准与技术规范不允许的偏离情况时，就会违反排污标准、污水处理厂管理制度及监管法律。此时，会导致相关群体人员之间权利、责任及利益等相互关系的不和谐，从而破坏原有的彼此之间的协调方式，而要实现相关群体相互关系的再平衡，必须对污水处理厂故障进行诊断与处置，调整关系的协调方式。

综上，污水处理厂的故障发生于物理和事理层面，可以定义为工艺设备、活性污泥微生物活性及污泥絮体分离特征或者工艺的条件参数、运行参数及活性污泥性能参数出现了与水质标准、技术规范不符的偏离，可以分为工艺设备故障、活性污泥微生物活性故障及

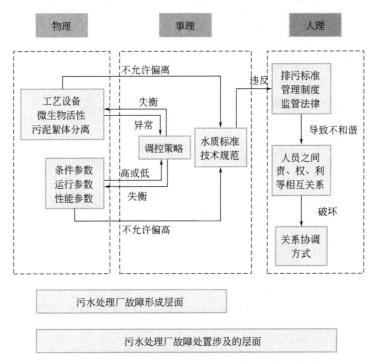

图 1-15　基于 WSR 方法论的污水处理厂故障成因

污泥絮体分离故障三类。但是，故障处置的最终目的是将污水处理厂的运行回归到国家或地方排污标准与监管法律及污水处理厂管理制度所允许的范畴，实现相关群体利益的最大化，因此，污水处理厂的故障处置必须从物理、事理及人理三个层面综合考虑。

1.3.3　求解工具特征及与思维方式的关系

　　不同的人会有不同的思维方式，会采用不同的求解工具来解决面对的复杂问题，当然也会形成不同的问题解决方案。如图 1-16 所示，头脑风暴法是基于"三个臭皮匠赛过诸葛亮"式的群体决策思维，通过发挥群体的想象，捕捉灵感，集思广益，衍生出问题，并从中选取有用的信息，找到有效解决问题的途径。SLP 小精灵法从宏观转微观，深入问题系统内部，设身处地，使用小精灵将复杂问题的内部联系分解成若干个相互关联的实施步骤，从而"庖丁解牛"式地获得问题的整体解决方案。该方法是变换尺度思维下形成的一种问题求解工具，对应复杂问题的熟悉度与非准则性。因果分析法属于典型的聚焦关键的思维方式，主要是从因果的角度分析问题，找到问题产生的主要因素，并通过讨论对问题进行深入探究，从中获取解决问题的方法，对应复杂问题分析的深度与知识的深度。九屏幕法基于结构化思维将问题在空间轴上分为超系统（宏观）、当前系统、子系统（微观），在时间轴上分为系统的过去、现在、未来，然后来回变换空间和时间尺度，观宏观，看微观，思过去，展未来，"粗中有细，瞻前顾后"式地寻找解决问题的资源；该方法对应复杂问题各因素在时间和空间上的相互依赖性及分析的深度。WSR 方法论认为复杂问题由物理、事理、人理三个主要因素组成，只有全面考虑这三个因素，才能深入理解问题。它强调"知物理、明事理、达人情"，做到物、事、人三者协调，才能找到解决问题的办法。

WSR 方法论还提出了"6 步骤 1 因素"的复杂问题求解方式，该方法也是一种结构化思维，极具东方哲学属性，对应复杂问题的人文性及利益相关者的多样性。

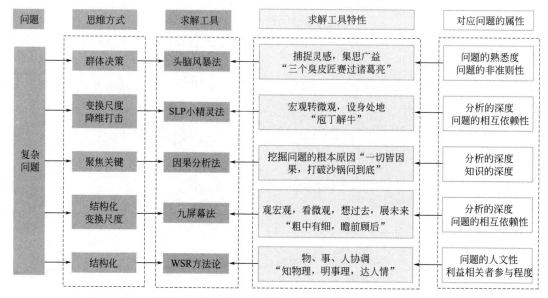

图 1-16　求解工具特征及与思维方式的关系

1.4　TRIZ 创新工具与解决方案

前面详细地介绍了几种常见的复杂问题求解工具及其背后的思维方式，这些求解工具基本上都是以心理机制为基础的，它们的程序、步骤、措施大多是根据人克服解决复杂问题的心理障碍而设计的。这些方法撇开了各领域的基本知识，方法上高度概括与抽象，因此具有形式化的倾向。而这些偏向于形式化的方法，在运用中受到使用者经验、技巧和知识积累水平的制约，因此，有时把这些复杂问题的求解工具称为是一种艺术，而不是一种技术或科学。虽然有一定的价值意义，但过于依赖非逻辑思维，运用的效果波动很大，不适合于大范围推广。

而 TRIZ 是建立在科学和技术的方法基础之上，具有解决复杂问题（或发明问题）的普适性的专门工具，其原理、法则、程序、步骤、措施等均来源于人类长期探索与改造自然的实践经验的总结。TRIZ 可以从成千上万种方案中快速准确找到恰当方案，而不是在可能的候选方案中盲目地搜索。因此，整个方法形成了良好的体系，具有严密的逻辑性与有效性，可以广泛应用于各个领域，创造性地解决问题[11]。TRIZ 是一个独特、严谨且强大的工具包，它通过引导访问过去的工程和科学知识，来理解实际问题，找到令人惊讶又切合实际的解决方案。TRIZ 总结了工程和科学问题的所有概念性答案，并且使这一点变得简单起来。有丰富实用的工具包可以用来理解问题，其中的分析流程可以捕获需求、分析系统、查看流程并找出问题的实际原因。在问题解决之后，还有许多严格和实用的工具包，包括选择解决方案和开发解决方案的过程，以及评估和预测成本等的方法，TRIZ 不仅可找出问题解决的实际方案，而且可以搜索和捕获正确的解决方案或新概念。

1.4.1　什么是 TRIZ

　　TRIZ 源于"发明问题解决理论"的俄文单词的首字母缩写，按照国际标准 ISO/R9-1968E 的规定，把俄文转换成拉丁字母以后，命名为 TRIZ。因此，TRIZ 只是一个特殊缩略语，既不是俄文，也不是英文，其实际含义是"发明问题解决理论"，英文全称为"Theory of Inventive Problem Solving"。"发明问题解决理论"有两个基本含义，表面意思是强调解决实际问题，特别是发明问题；隐含的意思是解决发明问题而最终实现（技术和管理）创新。

　　1956 年，苏联军方技术人员、发明家根里奇•阿奇舒勒和拉斐尔•夏皮罗在《心理学问题》上发表了《发明创造心理学》一文，这是世界上第一篇有关 TRIZ 的论文，为发明创造开辟了新的天地。他们认为创新不是一个随机的过程，而是一个基于深层的、根本性的原则和模式的过程，发明者会不自觉地使用这些原则和模式。为使这些原则和模式更易于理解，阿奇舒勒和他的同事们，研究了来自世界各国的上百万个专利（其中包含二十多万个高水平发明专利），提出了一套体系相对完整的"发明问题解决理论"，为 TRIZ 的问世和发展奠定了基础。1961 年，阿奇舒勒出版了第一本有关 TRIZ 理论的著作《怎样学会发明创造》。阿奇舒勒毕生致力于 TRIZ 理论的研究与完善，他于 1970 年一手创办了一所进行 TRIZ 理论研究和推广的学校，培养了很多 TRIZ 应用方面的专家。在研究过程中，阿奇舒勒从多样的角度，利用不同的分析方法分析这些专利，总结出了多种规律。如果按照抽象程度由高到低进行划分，可以将典型 TRIZ 中的规律表示为一个金字塔结构，如图 1-17 所示。

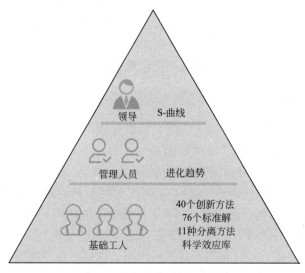

图 1-17　TRIZ 规律金字塔

　　随着 TRIZ 的不断发展和完善，TRIZ 不仅增加了很多新发现的规律和方法，还从其他学科和领域中引入了很多新内容，从而极大地丰富和完善了 TRIZ 的理论体系。经典 TRIZ 的理论体系结构如图 1-18 所示。

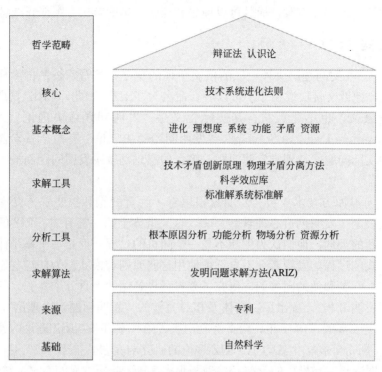

图 1-18　TRIZ 理论体系结构图

从图 1-18 可看出，一是 TRIZ 的理论基础是自然科学；二是 TRIZ 的哲学范畴是辩证法和认识论；三是 TRIZ 来源于对海量专利的分析和总结；四是 TRIZ 的理论核心是技术系统进化法则；五是 TRIZ 的基本概念包括进化、理想度、系统、功能、矛盾和资源；六是 TRIZ 的创新问题分析工具包括根本原因分析、功能分析、物场分析和资源分析；七是 TRIZ 的创新问题求解工具包括技术矛盾创新原理、物理矛盾分离方法、科学效应库及标准解系统标准解；八是 TRIZ 的创新问题通用求解算法是发明问题求解方法（ARIZ）。

1.4.2　TRIZ 有什么功能

在了解 TIRZ 是如何工作的前提下，需要知道 TRIZ 能为工程师们提供什么，它会怎么为工程师们提供一个具有创新思维的习惯。

（1）TRIZ 提供系统的、有保证的创新和创造力

TRIZ 为工程师们提供了系统的创新，使得工程师们更容易找到问题所对应的解以及与 A 问题相关的 B 问题的解。通过学习 TRIZ 并遵循它的规则，可以使得研发团队加快对创造性问题的解决。世界上所有应用 TRIZ 并取得成功的公司，都可以证明 TRIZ 思维方式的独特之处与其方便之地，壮观的产品成果表明了他们正在利用整个世界的知识（无论他们是否掌握），而不仅仅是组织内个人或工程师群体自发、随机和偶然的创造力，因为这些随机的创造力具有一定的局限性。

（2）TRIZ 使得对问题的理解更加清晰且能找到所有解决方案

TRIZ 有助于提出正确的问题，并找到大部分解决方案，不仅包括知识和经验范围内的解决方案，还有以前不知道的解决方案（交付创新）。TRIZ 在众多行业中，一直在帮助

研发团队找到许多优秀的解决方案，提供高专利率、明智的选择，并为未来业务提供良好的创新战略。

（3）TRIZ 简化系统并提高理想度

这是 TRIZ 方法的基础，该方法着眼于如何以最小的成本和损害，获得最大的好处。工程学的一个发展趋势是，在系统开发和提供更多功能的同时使其复杂化，然后在不损失任何功能的情况下简化它们，TRIZ 提出将原有系统直接转移到由简单系统提供的高功能系统，这个理念贯穿了整个 TRIZ 的方法体系。

（4）TRIZ 帮助工程师们打破固有的"思维牢笼"

TIRZ 为工程师们提供了一个通往理想解的系统路线，此路线会使得工程师们保持清晰的思维以及敏锐的洞察力，并且使得工程师们摆脱原有的"思维枷锁"，"打破心理惯性"。

在 TRIZ 工具包中提供了多种多样的思维方式，包括时间和空间思考、理想度以及小精灵等。TRIZ 的问题理解和解决过程，培养了工程师们在正确的层面提出正确的问题，以及理解和克服复杂性问题的习惯。TRIZ 的创意工具用一种更加系统的、科学的、逻辑的方法重塑了人类的大脑以及思维习惯，纠正了不足与偏见，增加了创造力，帮助工程师们探寻新的领域、新的想法和新的解决方案。

参考文献

[1] MARTIN-CANDILEJO A，SANTILLAN D，IGLESIAS A，et al. Optimization of the design of water distribution systems for variable pumping flow rates [J]. Water，2020，12（2）：359.

[2] 林健. 如何理解和解决复杂工程问题——基于《华盛顿协议》的界定和要求 [J]. 高等工程教育研究，2016，（05）：17-26.

[3] 陈浩林，彭轶，安东，等. 分段进水多级 A/O 工艺污泥膨胀的诊断与调控 [J]. 中国给水排水，2021，37（20）：92-98.

[4] 陈进东，刘琳琳，杜雨璇，等. 物理－事理－人理系统方法论演化发展及其影响 [J]. 管理评论，2021，33（05）：30-43.

[5] 卫朋丽. 历史文化街区消防安全韧性评价研究 [D]. 西安：西安建筑科技大学，2021.

[6] 黄道平，邱禹，刘乙奇，等. 面向污水处理的数据驱动故障诊断及预测方法综述 [J]. 华南理工大学学报（自然科学版），2015，43（03）：111-120＋129.

[7] 张彩江，孙东川. WSR 方法论的一些概念和认识 [J]. 系统工程，2001，（06）：1-8.

[8] 苏魏，杜鹏飞，陈吉宁. 城市污水处理厂运行稳定性评估方法初探 [J]. 环境污染治理技术与设备，2005，（08）：84-87.

[9] 李国. 基于 WSR 方法论的群众体育系统影响因素与评价模型研究 [J]. 体育科学，2012，32（04）：29-34.

[10] 石岩，郑凯凯，邹吕熙，等. 城镇污水处理厂总氮超标逻辑分析方法及应用 [J]. 环境工程学报，2020，14（05）：1412-1420.

[11] 李梅芳，赵永翔. TRIZ 创新思维与方法理论及应用 [M]. 北京：机械工业出版社，2018.

2.1　技术的本质

　　人类在从旧石器时代走向现代科技社会的历史长河中，经历许许多多的考验，或简单或艰难，但人类每一次都能克服这些考验。从表面来看这或许是一种幸运，在幸运的庇佑下，人类克服了每一次艰难险阻，但究其本质会发现，每一次克服困难的背后都蕴含着某一项技术的突破。技术的出现解决了人类面临的问题，从而促使其继续向前发展。

　　21世纪，伴随着第三次工业革命人类的生产与制造方式逐渐机械化，出现用机器取代人力、畜力的趋势，大规模的工厂生产取代手工生产引发了现代的科学革命。由于机器的发明及运用成为这个时代的标志，史学家便称这个时代为机器时代（the Age of Machines）。当我们停下脚步开始深入思考技术时，会发现技术慢慢地变成了我们生活的背景，是技术将人类从旧石器时代引入到现代科技社会，是技术将人类区分为现代人类与原始人类，技术给人类带来了舒适的生活和无尽的财富，也成就了经济的繁荣，世界因技术而改变。但是技术从何而来，又是如何进化的呢？技术的本质究竟是什么呢？

2.1.1　技术的起源

　　伴随着时代的进步及其次生问题复杂性的增加，技术逐渐演变出一种循环，工程师为了解决一个复杂问题而不得不引入一项新技术，新技术又伴随着新问题，新问题又需要更多的技术去解决。这种循环令人不安甚至恐惧，不禁思考技术是否会这么无休止地进行下去？它从哪里开始又到哪里停止？任何一个完整的系统中的所有阶段（发明、设计、制造、使用、维护和处置）都需要解决问题，因此技术不仅决定了问题的复杂多样性，也对问题种类做了最简单的分类。问题的范围可以从简单（轻而易举）到非常困难（此时需要创新方案）。此外，不同的问题需要不同的经验和知识来匹配正确的解决方案。创新是发展的动力，也是世界发展的潮流。在国家的发展中，创新起着非常重要的作用。传统的创新方法易于掌握、传播和普及，但命中率低、速度慢，难以解决复杂的技术问题。创新能力来自于人的潜能，并可以通过学习和训练来激发和提升。创新是有规律可循的，这些规律潜藏于解决各种工程技术问题的过程中。通过长期实践中的观察和总结，我们可以发现这些规律。

　　TRIZ是一套能够帮助解决各种工程技术问题的技术创新理论和方法。它提供了一种有规律可循的创新方法，总结了人类以往在发明和创新方面的想法，从中提炼出一些有效的法则，以指导人们系统、高效地解决未来的问题。如前文所述，TRIZ 创新方法源于苏联，由工程师兼发明家阿奇舒勒和他的同事们创立。他们分析归纳总结全世界 250 多万份高水平专利成果后，在 1946 年总结出了一套理论。TRIZ 经历了三个发展阶段：

（1）创立阶段，主要创新和完善了 TRIZ 体系，并在苏联小规模应用；

（2）传播阶段，1988 年以后，其他国家的工程师才开始了解 TRIZ 理论；

（3）应用阶段，从 2005 年开始，更多世界知名大公司开始引入 TRIZ 理论，并开始在内部推广。

经过几十年的发展，TRIZ 已进入成熟期，TRIZ 理论已被全世界接受和应用。我国 TRIZ 理论起步较晚，是 20 世纪 80 年代中期由我国部分科研人员在研究专利时引入的，且最近几年其理论受到了学术界的重视和政府的高度关注，现处于深入地推广和应用阶段。

TRIZ 理论在各个领域都有广泛的实际应用，其实践性很强。它能够拓展人们的创新性思维，帮助人们寻找解决问题的方法，并为不同行业的技术创新问题提供启示和建议。使用 TRIZ 解决问题时，首先需要将问题转化为典型 TRIZ 问题的模型，然后从 TRIZ 解决问题的工具中找到适用于该模型的解决方案。TRIZ 理论主要使用技术进化工具、矛盾矩阵工具、物场分析工具和科学效应库工具来解决技术问题。

熊彼特曾经说过："无论你如何重组邮政马车，你永远不能因此而得到铁路。"这句话实际上讲的是创新的两个阶段：重组邮政马车是现有模式的优化完善，可以理解为"量变"，彼此属于同一层次的竞争；而铁路和火车则属于颠覆性创新，可以理解为"质变"，相比马车已具有更高的竞争力。马车跑得再快，也跑不过火车。火车出现后，马车退出舞台只是时间问题。这个时候，修马路不再重要，修铁路才关系长期竞争力。那么，新技术到底是如何产生的呢？这一问题的探讨有利于我们开展科技创新。如同达尔文进化论中的阐述"人是从古猿漫长进化而来，是一种由低级走向高级的进化过程"回答了进化论的核心问题"新物种是如何产生的？"同样，技术也经历从低级到高级的发展，因此"技术是如何产生的？"也是技术本质的核心。对技术的定义描述为"人类在利用自然和改造自然的过程中积累起来并在生产劳动中体现出来的经验和知识，也泛指其他操作方面的技巧"。按照功能作用的关系可以将这一概念描述如图 2-1 所示。

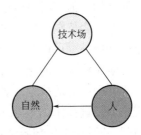

图 2-1　"人-自然"功能分析图

人与自然之间的功能作用表现为技术，谈及技术总会涉及利用与改造自然的过程。德国哲学家恩斯特·卡普认为，技术的产生源于对人体器官的模仿，"弯曲的手指变成了一只钩子，手的凹陷成为一只碗；人们从刀、矛、桨、铲、耙、犁和锹等，看到了臂、手和手指的各种各样的姿势。"这也是如今为人们所谈及的"仿生学"，通过了解生物的结构和功能原理，来研制新的机械和新的技术，或解决技术难题。技术的进步往往体现在工具的进步上。除了模拟自身创造技术外，人还会模拟自然创造技术，如钻木取火。要实现钻木取火，得先解决钻木的工具问题，也得了解摩擦生热这一自然现象，才能在更广泛的范围内有目的地使用，只有具备这些条件才能称之为技术。无论是"仿生学"的诞生还是"钻木取火"的成功，均会发现技术的产生必将蕴藏在人类对某一特定目的的实现。布莱恩·阿瑟在其著作《技术的本质》[1] 对技术的起源与进化进行了深入的探讨，认为技术是基于现象有目的的编程，由此技术有以下两种实现途径：

(1) 源于一个给定的目的或需求，然后发现一个可以实现的原理。

(2) 源于一个现象或效应，然后逐步嵌入一些如何使用它的原理。

据此，可以初步了解到，技术的产生源自于两个方面，一方面是如何解决需求端的矛盾，另一方面则是如何解决功能端的矛盾。当需求端或功能端中存在的复杂问题得到解决，则一项技术（或简单或复杂）也随之诞生。

市政设施的发展过程中就有这样一个例子，为了解决冬季夜间户外上厕所的难题，法国人 1860 年在户外挖一个泥坑，将户内的粪便引出到户外，由此发明了厌氧生活污水处理设施"化粪池"，这是典型的需求驱动。由于其厌氧发酵产生的气味使人难以忍受，研究人员采用向池中通入空气的办法使气味消散，消除该系统中的有害因素，这就是曝气作用的前身。技术也可以从某一现象出发，找到如何利用这种现象的办法。先前在向反应器通入空气的探索实践中，发现通入空气有利于消除异味，同时发现污水中的异物减少可能与此相关。1882 年，研究人员发现向污水中通入空气导致腐烂物质减少，并发生硝化作用。这一发现推动了曝气系统的发展，朝着后续革命性地发现污水处理中"活性污泥"迈出了重要一步。

相比于需求端，功能端则具有很多不确定性、隐秘性以及复杂性，并不像需求端那么直截了当。而功能端的问题往往需要若干个创新性方案才可以解决，因为功能端背后隐藏的并不仅仅是单个目的的技术简单组合，而是多个目的按照某种特定或随机的方式嵌合，这种复杂嵌合的方式往往表现为一个特殊现象的产生。

无论是简单还是复杂的技术，都会涉及一种或几种现象。现象是技术产生必不可少的源泉，因此需要正确认识现象，才能继续构建并发展技术来实现我们的目的。现象通常是显而易见的，但有时也难以察觉。当然它们也不是随机散乱分布，而是相互关联、成群聚居的，它们会依据使用效果而形成由表及里、由浅至深的状态。有些浅层的现象，比如人类早期掌握钻木可以生火的现象，是偶然开发的结果；但对于那些深层次的现象，比如由早期化学家所发现的化学现象，则需要系统、深入地调查研究以及知识的积累。它们的发现需要利用已有的技术或者理论。因此，我们也需要科学提供知识、理论，以及方法来捕捉现象，促进技术的不断发展、更新、完善。有时候技术原理近在咫尺，可是对其进行"编程"的转译工作却异常艰难，这就意味着，如果一个现象是新颖的，那就表明其背后的原理、技术也是未涉及或极少涉及的，此时需要一个简单的"工具包"，工程师们可以轻而易举地发现、优化及改进技术解决方案，这个工具包就是"TRIZ"，技术的进化脱离不开 TRIZ 的创新思维，而 TRIZ 创新思维也将在技术的进化中得以体现。

2.1.2 技术的进化机制

技术系统的进化是指新技术不断地取代旧技术、新产品不断地替代旧产品，即技术系统的各项功能实现从低级到高级变化的过程。对于技术的进化来说，组合是常态。布莱恩·阿瑟在研究技术理论中逐渐意识到"组合"可能是技术发明与进化的现实机制，所有的新技术都产生于已有的技术，而已有技术的组合使新技术的出现成为可能。组合的威力，在于它的指数级增长，如果一个新技术会带来更多的新技术，那么一旦元素数目超过一定阈值，可能的组合数就会爆炸性增长。每个新技术和新的解决方案都是一个组合，而每个现象的捕捉都会应用一个技术组合。技术的进化有两个主要特点，一方面技术的进化没有可以预先决定的确切顺序，同时也不完全随机；另一方面进化不是均匀的，变化导致变化，静止衍生静止。

技术系统进化理论是 TRIZ 的重要理论之一，是由苏联发明家阿奇舒勒提出的。阿奇舒勒指出："技术系统的进化不是随机的，而是遵循一定客观规律的，同生物系统的进化类似，技术系统也面临着自然选择、优胜劣汰。"因此，如果能够探究技术发展过程的特征、产生机制及其进化规律，就可以为技术的创新和进化提供理论和方法，进而能动地预测技术的未来发展趋势。阿奇舒勒通过研究发现技术进化（系统进化）的基本法则——TRIZ 趋势，即如何利用可重复和可识别的模式进行技术发展，通过对这些趋势的分类绘制了技术系统演变的所有简单模式，展示了技术未来进化的方向及其可能性。在经典TRIZ 理论中，技术系统进化理论以进化趋势（或发展方向）的形式进行表述，体现了技术系统在实现其相应功能的过程中的改进和发展的趋势，可以用来解决难题、预测技术系统、产生并加强创造性问题的解决工具，这八大进化趋势及其例子如下：

（1）提高理想度：使得系统具有更多功能的同时减少其负面因素（资源的投入、弊端的产出等）。

1）智能手机：在过去，手机只能用于通信，而现在的智能手机集成了通信、计算、摄影、音乐等多种功能，使用户可以在一个设备上完成多项任务。

2）电动汽车：电动汽车的发展使得车辆具备零排放和更高的能源效率，同时减少了对有限化石燃料的依赖。

3）高效洗衣机：高效洗衣机结合了省水、省电和优化洗涤程序等功能，提高了洗衣的效率和节能性。

4）智能家居系统：智能家居系统整合了安全、能源管理、照明等功能，通过自动化和优化控制实现了更高的理想度。

（2）符合 S 曲线：S 曲线描述了一个新技术系统从孕育、成长、成熟到衰退的完整生命周期，即一个技术系统的进化规律满足一条 S 形曲线。

1）音乐播放器：从胶片唱片机到 CD 播放器，再到现在的数字音乐播放器，音乐播放器的发展符合 S 曲线，经历了技术的不断革新和市场的演变。

2）数码相机：从胶片相机到数码相机，再到智能手机相机、数码相机的发展也符合S 曲线，经历了从初始发展到成熟和衰退的生命周期。

3）移动通信：从早期的传呼机到基本功能手机，再到现在的智能手机、移动通信的发展也呈现出 S 曲线的特征，从简单的通信工具演变成多功能智能设备。

（3）提高自动化程度：自动化程度高和自我系统完善，人类参与程度降低。

1）自动驾驶汽车：随着技术的进步，自动驾驶汽车的自动化程度越来越高，减少了人类参与的需求，使车辆能够自主感知、决策和操作。

2）自助结账系统：在零售店中，自助结账系统允许顾客自己扫描商品并进行支付，减少了人员的参与，提高了购物的自动化程度。

3）智能家居语音助手：通过语音助手（如 Amazon Alexa、Google Assistant），可以通过语音指令自动控制家居设备，从灯光到温度调节，实现了家居自动化。

4）自动洗碗机：自动洗碗机能够自动完成洗涤、漂洗和烘干等步骤，减少了手动洗碗的工作量，提高了洗碗的自动化程度。

（4）进化不均衡：系统中的某些部分比其他部分发展更快、更成熟。

1）电子产品中的处理器和存储器：处理器和存储器的发展速度比其他部分快得多，如电池技术或外部接口，而电池技术的改进相对滞后，导致了处理能力与续航能力之间的不均衡进化。

2）电视机：电视机的显示技术在发展过程中迅速进步，如从 CRT 到液晶显示器，而音频技术相对缓慢，导致了显示技术和音频技术之间的进化不均衡。

3）数字相机：在数码相机中，感光器件（如 CMOS）的发展迅速，但相机镜头技术的进步相对较慢，造成了感光器件和镜头之间的进化不均衡。

（5）循环/重复模式：系统刚开始简单，随着系统的发展增加复杂度，然后再次简化，周而复始的循环模式。

1）家用电器：如冰箱、洗衣机等家电产品在过去几十年里经历了循环/重复模式的发展，从最初的简单设计到日益复杂，然后通过技术进步和优化重新简化。

2）时尚潮流：时尚潮流往往在不同的时期中循环重复，例如，某些款式和服饰在几十年后会再次流行起来，形成时尚的循环模式。

3）个人电脑：个人电脑在演化过程中经历了循环/重复模式，从最初的大型台式机到笔记本电脑，再到如今的超薄笔记本和二合一设备，不断重复循环的变小和轻薄化。

4）健身运动：健身运动往往会经历循环模式，从高强度训练到低强度训练，再到回归高强度训练，形成了循环的健身趋势。

（6）增加动态性、灵活性和可控性：提高系统的动态性会使系统功能更灵活地发挥作用，或作用更为多样化，然而，当使一个系统更具动态性和灵活性时，相应地需要提高其可控性。

1）智能穿戴设备：智能手表和健身追踪器等智能穿戴设备可以根据用户的动态需求调整功能和交互方式，追踪记录和监测分析运动数据，提供更灵活和个性化的体验，增加了动态性、灵活性和可控性。

2）可调节家具：可调节的办公桌、椅子和床等家具，可以根据用户的需要和偏好进行高度和角度的调整，提供更灵活和舒适的使用体验。

3）智能照明系统：通过调整亮度、颜色和定时等功能，提供了动态和可控的照明体验，满足不同场景和用户需求。

（7）向微观级进化：在能够更好地实现其原有功能的条件下，系统的进化向着减小其组成元素尺寸的方向进化，这意味着从一个连续的行动或力量转变为一个以不同的模式和方式被分割和传递的行动或力量。

1）存储介质的发展：从早期的大型磁带到硬盘驱动器，再到如今的固态硬盘，存储介质的进化向着尺寸更小的微观级别发展，实现更高的存储密度和更快的数据传输速度。

2）电子存储介质：存储介质的发展从大型磁带到硬盘驱动器，再到固态硬盘（SSD）和云存储，尺寸不断缩小，但存储容量和读写速度却得到显著提升。

3）传感器技术：传感器从体积庞大的传统传感器逐渐进化到微型化、集成化的传感器，如 MEMS（微机电系统）传感器，可广泛应用于移动设备、健康监测和环境感知等领域。

4）生物医学技术：生物医学技术逐渐向微观级进化，例如微创手术技术、纳米药物传递系统和生物芯片等，利用微小的尺寸和结构实现更精确和个性化的医疗治疗。

（8）增加协调性：系统进化沿着各个子系统间、子系统与系统间、系统与超系统间的参数动态协调与反协调的方向发展。

1）智能家居系统：智能家居系统可以通过统一的控制平台实现不同子系统之间的协调，如通过智能音箱控制照明、安全和温度等，使得不同系统之间能够协调工作。

2）物流管理系统：物流管理系统通过优化仓储、运输和库存等环节，实现不同环节之间的协调，提高物流效率和减少成本。

3）交通管理系统：交通管理系统利用智能信号灯、交通监控和智能导航等技术，实现道路交通的协调和优化，减少拥堵和提高交通流畅性。

这些趋势的核心主要体现在两方面：理想度和 S 曲线，其余六大趋势均包括在理想度和 S 曲线中。TRIZ 理论认为，技术系统不断发展，趋向于达到理想状态。理想状态是指系统功能完善、效能最高、成本最低、无负面影响的状态。理想度定义为所有的有用功能与有害功能和成本之和的比值，可以用来评价系统对于理想状态的近似程度。了解一个系统的理想度有助于了解如何改进现有的系统，或发明一项新的技术。创新者可以通过提高系统理想度来改进现有系统，从而在创新过程中获得启示；提高理想度可以通过去掉实现有用功能的特定设备和利用现有能量和资源实现有用功能。

技术系统沿 S 曲线演进（图 2-2a）。S 曲线描述了技术系统完整的生命周期：婴儿期、成长期、成熟期和衰退期，可以用来预测技术的发展趋势。实际上，新技术在最初发展时往往粗糙且待改进（婴儿期），只有经过不断发展和完善，才能替代旧技术；当新技术逐渐被不同的目的和需求所定义时，它的改进速度加快，在这个阶段，技术在功能和原理方法上都有许多改进，矛盾得到解决，理想度迅速提高，同时成本降低，市场需求和创新活动相互促进，是技术发展的黄金时期（成长期）；随着技术不断发展，使其变得日趋完善，性能水平和理想度达到最高（成熟期）；之后技术逐渐接近其自身的局限性，改进速度放缓，很难得到进一步的突破和进化，直至被新技术所取代（衰退期）。S 曲线在创新和技术发展过程中具有重要意义，可以帮助创新者预测技术的发展趋势和市场前景。通过了解不同阶段的特征和趋势，创新者可以更好地制订相应的创新策略和行动计划，从而实现技术突破和市场成功。

无论是阿奇舒勒的"进化趋势"，还是布赖恩·阿瑟的"组合进化"，都表明技术作为手段具有进化方向，通过不断完善和重构可以解决需求端和功能端存在的问题。在一个系统中，技术发展方向和趋势是有迹可循的。技术自身演绎出的循环证实，新技术在旧技术中诞生，旧技术存在于新技术中，既不会终结，也无法完美[1]。

谈论技术进化必须提及创新扩散理论[2]，它描述了新观念、新事物或新技术进入社会体系时的演变过程，包括知晓、劝服、决策和证实四个环节。该理论指出创新起步时接受程度较低，使用人数少，扩散过程相对缓慢。当使用者比例达到临界值后，创新扩散过程迅速增加。新事物采纳的决定因素取决于良好的人际关系和频繁地接触大众传播。

创新扩散始终较慢，当采用者达到一定数量（即"临界数量"）后，扩散过程突然加快（即起飞阶段 take-off），这一过程一直持续，直至可能采纳创新的系统内大部分人员已采纳创新，达到饱和点。此时，扩散速度逐渐放慢，采纳创新者数量随时间呈现出 S 形变化轨迹（图 2-2b）[2]。污水处理膜生物反应器 MBR 的发展历程中，安装数量同样呈现出明显的 S 曲线（图 2-2c）[2]。

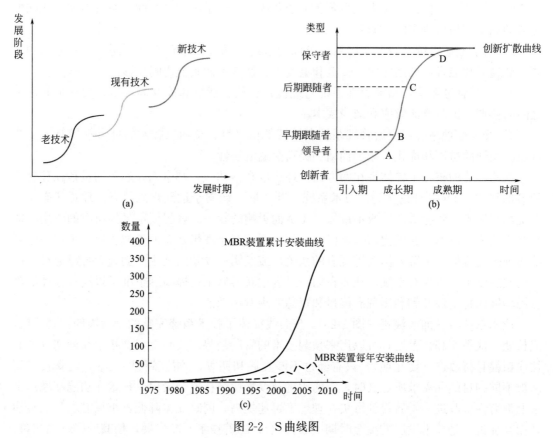

图 2-2 S 曲线图

（a）技术系统的 S 曲线；（b）采纳者数量随时间变化的 S 曲线；（c）安装数量随时间变化的 S 曲线

2.1.3 水处理技术创新的难点与风险管理

在水处理工艺发展历史中，并非所有创新与改进都能顺利推广并被厂家及整个行业接受。大规模应用并持续发展的新型工艺，通常经历了严格的理论与实践验证。相反，许多创新工艺因种种原因"夭折"，其中最重要的一个原因是采用新型工艺所带来的较大风险。

尽管严格的监管指标、提高效率和节能降耗的要求都迫切需要水处理工艺的创新应用，但所有新型工艺在最初出现时（即 S 曲线的起始端）并不被广泛接纳。这是因为在新型工艺未被证实为可靠有效前，采用新型工艺设计往往意味着需要承担巨大风险，可能导致经济和时间损失，且与风险相对应的收益并不可观。因此，厂家和用户们往往持保守态度，拒绝甚至抵制新型工艺引入，等待他人"先行"。这种害怕承担风险的保守行为无可厚非，但它在很大程度上减缓了创新型工艺的市场推广速度。此外，这种消极的市场反馈还会反过来打击创新者开发新型工艺的积极性。那么应该如何应对这种因早期风险而导致新型工艺推广受阻的情况呢？

首先，一种新型的水处理技术如果想要引入市场，在推广使用前至少应该经过以下 6 个关键阶段：

（1）基础研究（通常在实验室中进行）；

（2）中试规模研究（通常在现场）；

（3）示范规模研究；

（4）接受评估并能够得到经验教训的第一代应用；

（5）接受评估并能够得到经验教训的第二代应用；

（6）最后一代成熟技术。

在以上 6 个阶段中，每一步都能够学到更多的知识并为下一步的行动提供信息。因此，一种新技术如果能够完整经历以上 6 个阶段并被证明有效的话，那么它的可靠性和可信性就会大大增加，厂家为此承担风险的担忧也会相应减弱。

其次，提高信息的透明度也是促进新技术引进的一种有效途径。在一项新技术最开始被创造出来时，出于技术保密的需要，创新者往往不会透露太多关于这项技术设计的具体信息，而这种"黑匣子"式的技术会使用户们产生担忧且无法对该技术进行有效的风险评估。但在申请过专利保护之后，创新者、研究机构或供应商如果能够尽可能多地提供详细的技术信息及研究状态，那么就可以鼓励潜在的用户们去承担风险并考虑采用这种新技术。

除了上述对策，还有一种最重要的应对新技术引入风险的方法，那就是建立完善的风险分散与风险补偿机制。例如，美国环保署曾在 20 世纪 80 年代提供一种机制来降低将新技术引入市政市场的风险，如果市政用户或厂家采用了一种具有节约成本和提高效率潜力的新技术，那么政府会增加拨款或提供部分资金支持。此外，当技术失败时，政府还将提供 100% 的替换或补偿来降低采用新技术的风险，这大大刺激了新技术的采用。当然，这里并不是提倡将风险全部转移给政府，市政用户和厂家自身也应该承担部分风险，所以由技术采用者们自身出资建立采用新型技术的保险池也不失为一种好的方法。

采用新型技术的风险不可避免，因此如果能够通过合适的方法与机制将风险分散或者降低，那么潜在的用户们采用新技术的意愿就会大大增强从而使整个 S 曲线的时间跨度大大降低，加快技术的更新换代，更早地迎接下一代新型水处理技术的到来。

2.1.4　水处理技术及标准的革新

我们通过认识技术的起源、本质及其发展规律理清了技术是如何构建和进化的。图 2-3 展示了活性污泥系统的发展历程，既包括需求端的技术构建与优化，也包括功能端的技术创新。

1914 年，研究人员在实验中完成了水处理中最伟大的发现——活性污泥，自此后围绕活性污泥开展的技术研究就一直是行业热门。为了满足可持续发展的需要，在政策法规层面对出水水质的要求越来越严格。从改善水质和技术进化的角度上看活性污泥工艺的发展基本可以分为 4 个阶段：1914 年初期的去除 BOD 和降低 TSS；20 世纪 60～70 年代的脱氮除磷；20 世纪 80 年代的改善污泥沉降性能；21 世纪初的节能降耗与污水能源回收。

第一阶段的污水处理反应器源于当时盛行全美的推流式反应器。传统的推流式曝气池虽然利用活性污泥有效改善出水水质，但由于整个曝气池均匀曝气，而污泥需氧量却沿长度方向逐步降低，导致氧气供需不平衡。因此，开发出完全混合式反应器，使原污水和回

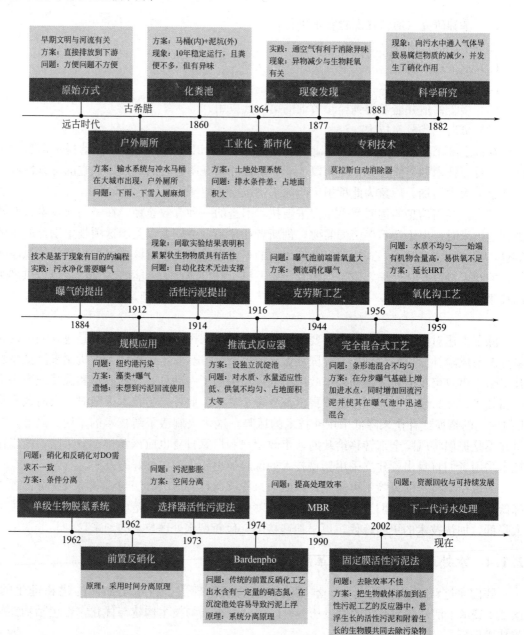

图 2-3 活性污泥系统发展历程

流污泥在进入曝气池时立即与池中混合液充分混合,从而解决供氧不均问题,实现更好的有机物分解效果。

第二阶段,为满足对水中营养物质去除的需求,设立硝化池与反硝化池并与曝气池分开,利用条件分离原理满足不同微生物对环境的需求。最初的反硝化池位于工艺流程后端,存在硝化过程碱度不足、反硝化过程碳源不足等缺点。因此,采用时间分离原理,设计前置反硝化工艺使碳源先与反硝化细菌接触进行反硝化。自此,单元串联、泥水回流的变革成为新工艺开发的标准模板。

第三阶段，反应器中内置膜系统，即 MBR 工艺。传统活性污泥法及其衍生工艺中存在一个难以避免的矛盾：污泥停留时间与水力停留时间。为保证足够的污泥停留时间，需要进行污泥回流，但这增加了操作复杂性。为解决这一物理矛盾，采用系统分离原理，增加子系统——膜组件，构建膜生物反应器。该工艺具有固液分离效果好、微生物浓度高、脱氮效率高等优点，但膜价格及更换费用较高，仍有进一步突破空间。

在倡导节能环保，着眼"双碳"目标的今天，污水资源化、能源化、节能降耗已成为发展目标。未来污水处理厂的目标不仅是净化水质、去除有机物和营养物，还要在此基础上实现污水中能源、营养物和再生水的回收利用。因此，从技术角度看待如何发展和改进活性污泥工艺，以及实现各处理构筑物间的有利配合，以达到资源循环与可持续发展目标，需要深入探讨并提出解决方案。

2.2 活性污泥系统的技术进化

水，是维持人体正常运转不可缺少的成分，也是维持良好生态环境的重要部分。日常生活中会产生源源不断的污废水，而水资源的总量却是有限的，这就需要在合理利用水资源的同时，也要及时地保护水资源，据此就产生了污水处理技术，以便于维持水资源质与量的动态平衡。

早期污水处理工艺可以追溯到古罗马时期，那时人口密度小、工业不发达且地球水资源丰富，废水排放到河流后，水体的自净作用加上水文循环足以维持人类的正常生活，当时的工人对于污水处理只考虑排水步骤。随着经济和工业越来越发达，用水量与排水量均急剧上升，导致了人均水资源量大大减少，于是发现仅仅依靠河流的自净能力不足以支持人类正常的生产生活使用需求。

19 世纪末至 20 世纪初是一个重大变革时期。在英国和美国第一次工业革命开始大约100 年后，随着第二次工业革命的结束，技术、经济和人口迅速增长。数以百万计的人真正摆脱了贫困，生活得到了前所未有的保障。工业革命的影响一直延续到 19 世纪末，其余波致使劳动力短缺，从而引发人口数量骤增以及资源需求骤增的现象，造成了很多社会问题，其中与水处理相关的问题是城市化的发展，导致水处理技术无法满足人类的需求，其主要原因是缺乏可实际应用的生活污水和工业废水处理方法。

工业的发展，导致越来越多的城市人口遭受着不良卫生条件的影响，对其健康和生活水平产生了不利影响，也对环境造成极大的影响。那段时间人类的平均寿命是 45～50 岁，而现在的平均寿命是 75～80 岁。在 19 世纪末和 20 世纪初，婴儿死亡率是导致平均寿命缩短的主要原因。有学者认为，发达国家现在延长的 30 年寿命中，有 20 年要归功于 20世纪安装的水处理卫生系统。事实上，《英国医学杂志》(British Medical Journal) 对公共卫生研究人员和专业人士的一项调查表明，现代给水和废水系统的实施是过去 150 年来改善公共卫生的最重要的一步。这样的观察结果使得美国国家工程院将现代水处理方法以及卫生设施列为 20 世纪的重大工程成就之一。

其中直到现在都还普遍应用的污水处理技术便是活性污泥法。活性污泥法是经过数代科学家的不断努力和他们对于现象的敏锐观察进而发明的。其中 Gilbert Fowler、Edward Ardern、William Lockett 三位科学家贡献较大。基于对欧洲工业革命时期的研究，很多学者发现，在污废水中通入氧气可以很有效地抑制污水散发出来的恶臭。据此诸多研究学者初步认为，强制通氧是处理污水的关键。但是随着向着曝气方向继续深入研究，发现此方法对于提高污水处理效率微乎其微。

1912 年，Gilbert Fowler 应邀到美国解决东河和哈德逊河日益严重的污染问题并参观劳伦斯实验站。在他应邀去参加劳伦斯实验站之前，Gilbert Fowler 分析了曼彻斯特附近一个煤矿的排水，他发现煤矿中的废水沉淀物中有类似铁的物质，随即他经过研究得出导致这种现象的原因是废水混合液中存在一种特殊的菌群。Gilbert Fowler 紧接着对这些菌群进行了研究，开始培养，并将其命名为"M7"菌。他发现在铁盐、空气、有机氮条件下，"M7"细菌可以形成铁的沉淀，并以此提出假想：倘若"M7"可以与有机氮形成沉淀，那与污水应该也可以形成沉淀。随后他应邀去解决纽约污水处理问题，在访问期间，他观察到一些研究人员采取强制曝气的方式来处理废水但处理效果并不可观，这更加坚定了 Gilbert Fowler 的假想。Gilbert Fowler 认为"这些实验并不完全成功"，在他看来，处理污水中的杂质，曝气是必不可少的因素，但是特殊的菌群也是必不可少的。采访结束后回到曼彻斯特，Gilbert Fowler 查阅大量与水处理有关的微生物菌群，逐渐认识到污水处理中悬浮固体的重要性。1913 年 Gilbert Fowler 说服曼彻斯特公司河流委员会的工程师 Edward Ardern 和 William Lockett 进行类似的实验，将"M7"工艺与劳伦斯实验站的强制曝气相结合。与其不同的是，他们保留了沉淀的污泥而并非将其排出，此做法是一个开创性的贡献，活性污泥工艺由此正式诞生，成为污水处理一个划时代的进步。

活性污泥工艺有 5 个基本功能：

(1) 通过混合或曝气悬浮微生物；

(2) 用氧气或硝酸盐/亚硝酸盐氧化可溶性颗粒和有机物，产生气态产物和额外的生物量；

(3) 固液分离，产生低 TSS 浓度的处理污水；

(4) 将固体从固液分离区返回悬浮生长处理反应器；

(5) 在污水分离和去除过程中，将固体保留在处理反应器中。

由于污水处理的需要和行业内的发展目标推动了工艺的发展，从 1914 年初期的 BOD 和 TSS 去除，到 20 世纪 60 年代的氮去除和 20 世纪 70 年代的磷去除，在此期间，工艺继续开发并克服了沉降和发泡不良等常见问题。在 20 世纪 80 年代、90 年代和 21 世纪初，工艺继续开发并以减少反应器体积、占地面积和节约能源为目标[3]。从活性污泥工艺系统的诞生，可以再一次证实，技术均蕴含在现象中。一个新现象包含着一个新技术，新现象提供了发现新现象的技术，抑或是新技术的发现促成了新现象。接下来，本书将介绍活性污泥工艺的进化与发展，以及不同废水处理设施的产生和存在的问题，读者也可结合发明方法畅想未来工艺设施将如何变化。

2.2.1 厌氧处理设施——化粪池（1860 年）

1860 年，化粪池等厌氧工艺已成功开发并投入使用，如图 2-4 所示。但厌氧发酵产生的难闻气味使人难以忍受，这时研究人员希望通过提供好氧条件让难闻的气味消散。

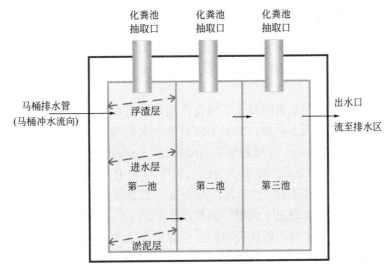

图 2-4　化粪池

化粪池及其系统臭气脱除的发明，其核心目标均为将系统中的有害因子消除，从而提高系统的理想度，而分离和抽取原则是有效解决这类问题的发明原理。臭气的脱除系统，源自于人们发现曝气不仅可以去除水体中的杂质同时也可以去除臭味，通过这一现象进一步研发臭气脱除系统，这同时也体现出，技术是对某一现象有目的的编程。

在污废水中供氧意味着活性污泥技术的诞生是可预见的事情。实际上，50 年后，在好氧条件下微生物降解现象和机理被认识，研究人员发明了活性污泥技术。在研发 Mouras 自动清污器（Mouras Automatic Scavenger）过程中，他们开始意识到污水中存在可净化污水的微生物，同时，研究人员也开始有意营造厌氧条件，以实现不同类型的污水净化。

可以说，此时已经将所发现的现象加以利用，并开始转化为一种污水处理的技术。

（1）现象发现：1877 年，Schloesing 和 Müntz 发现在污水的净化过程中，易腐烂物质的减少与生物耗氧有关，在反应中伴随着硝酸盐的产生，认识到了氧气和生物有机质在污水处理中的作用。

（2）科学实验：1882 年，研究人员进行污水池充气实验时，发现易腐烂物质的减少并发生了硝化作用。

（3）技术形成：1884 年，Dupre 主张在污水净化中需要氧气，并测试了鼓泡空气和串级水流曝气的效果。

利用现象进行实验，直至 1914 年发现了"活性污泥"技术，说明创新是有秩序性而非杂乱无章的，正如前文所述：技术的诞生起源于某种特殊现象，人们发现一个现象或效应，然后发掘它的原理。然而一个表面的现象往往是若干个不同现象以某种特定的方式嵌合所形成的整体，同样一个新技术往往组合了若干个子技术，正如布莱恩·阿瑟在研究技术理论中提到"组合不仅仅是将具有某种目的的概念或原理聚集起来，它还需要提供一套主要的集成件或模块去执行那个核心理念。"此时就需要有目的地"编程"，通过高秩序性而非随机的过程，使得新技术或新系统诞生。

2.2.2　序批式反应器 SBR（1914 年）

1912 年，为解决纽约港的水体污染问题。Clark 和 Gage 在劳伦斯实验站，对接种藻类的瓶子、装有石板的水池中的污水进行曝气，在每个加药周期结束时，水池排空后，再注满污水。

几个月后，含藻曝气的水瓶内发生了硝化作用，并且在另一反应器中，池内石板和池壁两侧覆盖着紧密的棕色固态物质，出水的清晰度大大提高，并在 24h 内完成硝化。

1914 年 4 月 3 日，Fowler 的两名学生 Ardern 和 Lockett 在曼彻斯特污水处理厂展示了利用 SBR 反应器的实验结果。使用"活性污泥"一词用来描述在污水曝气实验中积累的深棕色絮状生物物质。基于此，"活性污泥"这一概念被正式提出。无论是简单还是复杂的技术，都是将一个现象通过"编程"而提出来的。

但是，活性污泥初期主要以操作简单的连续流反应器为主，SBR 反应器受限于当时的自动化技术水平，并未被广泛推广，直到 20 世纪 70 年代才具备大面积推广的技术条件，这充分体现了技术的组合进化机制。序批式反应器（SBR）如图 2-5 所示。

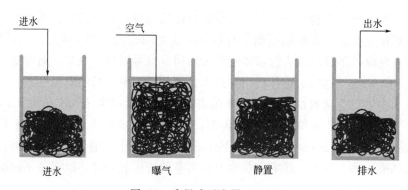

进水　　　　空气　　　　　　　　　　　　出水

进水　　　　曝气　　　　静置　　　　排水

图 2-5　序批式反应器（SBR）

SBR 系统的优点：工艺简单，设备紧凑，便于操作和维护管理；工艺过程中的各工序可根据水质、水量进行调整，运行灵活；理想的推流过程使生化反应推动力增大，效率提高，池内厌氧、好氧处于交替状态，净化效果好；运行效果稳定，污水在理想的静止状态下沉淀，需要时间短、效率高，出水水质好；耐冲击负荷，池内有滞留的处理水，对污水有稀释、缓冲作用，有效抵抗水量和有机物的冲击；适当控制运行方式，实现好氧、缺氧、厌氧状态交替，具有良好的脱氮除磷效果；可以作为选择器工艺运行，以减少污泥膨胀的发生；静止沉淀有助于污泥分离（出水 SS 少）；SBR 系统本身也适合于组合式构造方法，利于废水处理厂的扩建和改造；适用于不同规模的处理厂。

SBR 系统的缺点：自动化控制要求高，工艺控制复杂；排水时间短（间歇排水时），并且排水时要求不搅动沉淀污泥层，因而需要专门的排水设备（滗水器），且对滗水器的要求很高；如果不在设计中考虑高峰冲击负荷，会影响运行；后处理设备要求高：如消毒设备很大，接触池容积也很大，排水设施如排水管道也很大；对装置、监测器和自动阀的维修要求高；由于不设初沉池，易产生浮渣，浮渣问题尚未妥善解决；一些设计使用了效率不高的曝气设备。

2.2.3　推流式反应器（1916 年）

在 1914 年发明的 SBR 工艺，由于当时现代化设施并不完备，所以在当时条件下很难应用起来，这一方面反映出 SBR 系统自身发展在当时社会经济条件下难以维持较高理想度，迫使新技术的诞生将其取代；另一方面也反映出系统本身 S 曲线已无法再上升，系统无法再继续完善，直到新技术的诞生从而突破这一瓶颈。为了解决这个问题，1916 年在美国设计并使用单独的沉淀池，并以连续流的形式处理（系统分离原理）。从图 2-6 可见，该反应器开始设置独立的二沉池，由二沉池回流的回流污泥与污水同步注入，以保证曝气池内的生物量。这一新技术的诞生，使得污水处理技术这一系统的发展得以跳至一条新的 S 曲线，并且继续发展。

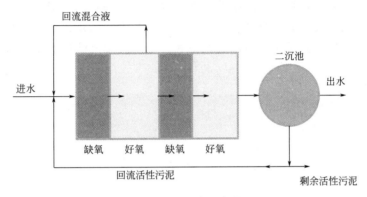

图 2-6　推流式反应器

有机物在曝气池内的降解，经历了吸附和代谢的完整过程，活性污泥也经历了一个从池首端的增长速率较快，到池末端的增长速率很慢或达到内源呼吸期的过程。由于有机物浓度沿池长逐渐降低，需氧速率也沿池长逐渐降低。因此在池首端和前段混合液中的溶解氧浓度较低，甚至可能不足，沿池长逐渐增高，溶解氧含量在池末端就已经很充足了，一般都能够达到 2mg/L 以上。

如图 2-7 所示，反应器均匀的供氧量在前端达不到处理的要求，在末端又造成了过度曝气引发的浪费。为此研究人员对推流式反应器进行改造。

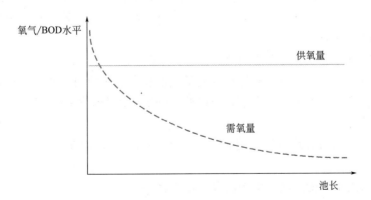

图 2-7　曝气池中的供氧及需氧率曲线

2.2.4　渐减式曝气活性污泥法（1936年）

通过对普通曝气池供氧需氧不平衡现象的剖析，研究人员发明出渐减式曝气活性污泥法。有时候原理来自对过去的回顾，以及对过去概念的高秩序组合，当工程师发现问题时，利用现有的方法对已有的方案进行重新组合，这种组合看似无序但并非无序，它遵循着"TRIZ趋势"同样也符合技术进化机制。当解决方案被提出时，衡量其价值性的黄金公式便是"理想度"。每一种方案都有其局限性以及优越性，然而在某些特殊的条件下，局限性和优越性是可以互相转化的，当面临不同的需求时，需要不同的系统。

如图2-8所示，渐减式曝气活性污泥法是针对传统活性污泥法中，供氧与耗氧不匹配这一矛盾，应用条件分离原理，而提出来的解决方法。由于沿曝气池池长均匀供氧，在池末端供氧与需氧之间较大的差距造成严重浪费，前端有机物浓度高，耗氧量大，随着水流方向，有机物被不断地消耗，则耗氧量逐步减少。渐减式曝气活性污泥法是一种能使供氧量和混合液需氧量相适应的运行方式，即供氧量沿池长逐步递减，使其接近需氧量。

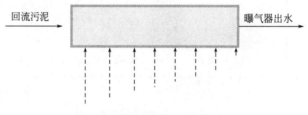

回流污泥　　　　　　　　　　　　　　　　曝气器出水

图2-8　渐减式曝气活性污泥法

优点：改变传统活性污泥法的等距离均量布置扩散器的缺点，合理地布置空气扩散器，使布气沿程变化，解决了前段缺氧的问题，提高了处理效率。

局限性：供氧量与需氧量一致的技术很难实现。

2.2.5　分段进水活性污泥法（1942年）

为了解决在传统曝气池中的耗氧与供氧不足的矛盾，采用空间分离原理，进行分段进水，如图2-9所示。污水沿池长分段注入曝气池，有机物负荷即需氧量得到均衡，一定程度上缩小了需氧量与供氧量之间的差距，有助于降低能耗，又能够比较充分地发挥活性污泥中微生物的降解功能。

该工艺可在整个曝气池中提供更均匀的需氧量分布，在处理可变冲击负荷时特别有用。它的优点有：初级污水通过管道输送到曝气池长度沿线的两个或多个位置；分布式负荷可将曝气池长度上的溶解氧浓度下降至最低；分配到每个位置的一级出水的百分比可以改变，优化工艺性能。

系统配置将传统的活性污泥系统改造成阶梯进水系统，如图2-10所示，进行了以下改变：

（1）将一级出水分配到曝气池中的多个位置；

（2）曝气池的挡板形成与分布点重合的多个混合区；

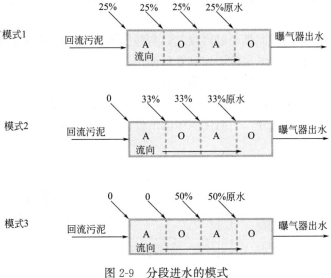

图 2-9 分段进水的模式

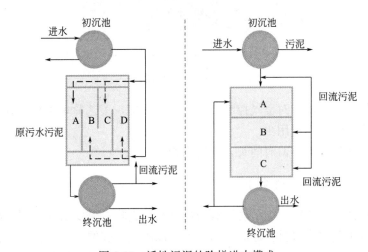

图 2-10 活性污泥的阶梯进水模式

（3）通过改变分配给每个区域的污水量来实现操作灵活性。

局限性：曝气池最后段进水因污泥浓度较低、处理时间短，有时会影响出水水质；污水分段注入曝气池的污水，如果不能与污泥混合液立即混合均匀，会影响处理效果。

2.2.6 克劳斯法（1944 年）

经研究发现，当进水氮源不足时，会导致出水水质变差，且容易引发污泥膨胀。而污泥消化液中含有大量的氨氮，对这类氨氮进行有效利用，则有可能解决上述问题。1944年，发明了克劳斯工艺，如图 2-11 所示。

解决此类问题一般可用物场模型进行分析，而本例属于物场模型的生物与场发生作用但缺少一种物质，即不完整系统（5.1.2 节）。污水处理添加药剂等一般均属于这类问题。

克劳斯工艺用于处理缺氮废水，当活性污泥沉降性能较差时也可使用。这种改造最适用于高碳水化合物废水的处理设施。该工艺使用与接触稳定工艺类似的复氧池，但进行了一些重要的修改：

（1）不是所有的回流污泥都经过再曝气，有些回流污泥不经过再处理就被回流；

（2）消化池上清液和污泥也被添加到复氧池中；

（3）在复氧池中的水力停留时间约为 24h。

消化池污泥和上清液中的氨氮在复氧池中转化为硝态氮。复氧池出水与回流污泥混合，弥补进水氮的不足。此外，当消化池中的惰性固体与混合液混合时，提高了混合液的沉降性能。

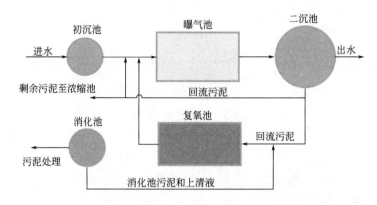

图 2-11　克劳斯法

优点：操作灵活方便，对空气控制要求不是很严格，工艺简单可靠，弹性范围大；装置适应性强；投资和操作费用少。

局限性：复氧池水力停留时间长，占地面积大。

2.2.7　接触稳定法（1944 年）

在传统的活性污泥法中，为了使得有机物被充分去除，需要活性污泥与污水接触时间较长，这也不可避免地导致反应器的体积增大，以提供足够的水力停留时间使得微生物充分降解污染物。为了解决这一矛盾应用空间分离原理，发明了接触稳定法，也称为吸附再生法，如图 2-12 所示。

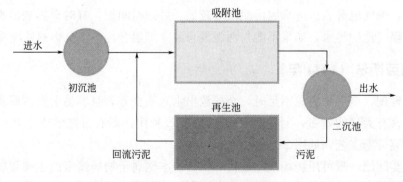

图 2-12　接触稳定法原理图

污水和经过在再生池充分再生且活性很强的活性污泥同步进入吸附池，在这里充分接触 30～60min，大部分呈悬浮、胶体和部分溶解性状态的有机物被活性污泥所吸附，使污水中有机物浓度大幅度降低。混合液流入二沉池，进行泥水分离，澄清水排放，污泥则从底部进入再生池，在这里首先进行分解和合成代谢反应，然后活性污泥微生物进入内源呼吸期，使污泥的活性得到充分恢复，在其进入吸附池与污水接触后，能够充分发挥其吸附功能。

与传统活性污泥法相比，吸附再生系统具有如下特点：污水与活性污泥在吸附池内接触的时间较短，因此，吸附池的容积一般较小；吸附池与再生池的容积之和仍低于传统活性污泥法曝气池的容积，基建费用较低；该工艺对水质、水量的冲击负荷具有一定的承受能力；当在吸附池内的污泥遭到破坏时，可由再生池内的污泥予以补救。

该工艺存在的主要问题是：处理效果低于传统法；不宜处理溶解性有机物含量较高的污水；剩余污泥量较大，同时此工艺不具有硝化功能。

2.2.8　完全混合活性污泥法（1956 年）

对于传统的推流式反应器而言，负荷或有毒有害物质冲击对系统影响较大，即系统的可靠性较差，因此系统需要及时调整（包括曝气等），从而带来潜在风险，进而形成了技术矛盾。

一方面需要提高系统的可靠性（出水在冲击时不受影响），另一方面又不希望系统调整时产生的危害性增加（曝气复杂性增加了，风险大），根据矛盾矩阵，可以采用复合材料、参数变化、抽取以及复制等发明原理。倘若现场有废弃物可以中和进水冲击，可设置调节池等。

本例采用了改变进水浓度的方法（稀释），从而降低冲击负荷带来的影响。

对于传统的活性污泥处理法而言，前端的微生物首先接触大量的有机物，需要大量的溶解氧，随着水流方向，有机物浓度逐渐降低。倘若池首段有机物浓度过大，则会导致污泥膨胀，处理效果较差。为了应对负荷和溶解氧这一对参数之间的矛盾，反向采用系统分离方法，使得子系统 F/M 与溶液合并成均匀的一个子系统，于是发明了完全混合活性污泥法，如图 2-13 所示。

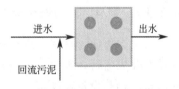

图 2-13　完全混合活性污泥法

进入曝气池的污水很快被池内已存在的混合液所稀释和均化，原污水在水质、水量方面的变化，对活性污泥产生的影响将降到极小的程度，因此，这种工艺对冲击负荷有较强的适应能力，适用于处理工业废水，特别是浓度较高的有机废水。污水在曝气池内分布均匀，各部位的水质相同，微生物群体的组成和数量几乎一致，各部位有机物降解工况相同，因此，通过对 F/M 的调整，可将整个曝气池的工况控制在良好的状态。

完全混合活性污泥法系统存在的主要问题是：在曝气池混合液内，各部位的有机物浓度相同，活性污泥微生物的质与量相同，在这种情况下，微生物对有机物降解的推动力低，有机物利用速率低，在相同的 F/M 的情况下，出水水质不如推流式曝气池的活性污泥法系统。此外，完全混合活性污泥法易发生污泥膨胀。

2.2.9 纯氧曝气法（1957 年）

当采用机械曝气时，空气中的氧气利用率仅达 10%，而且空气中的氧气含量较低。机械曝气不仅能耗大且效率低。而溶解氧的含量直接影响活性污泥系统出水水质的好坏，也会影响污泥性质。因此，为了解决提高氧气利用率并降低能耗这一技术矛盾，发明了纯氧曝气法，如图 2-14 所示。

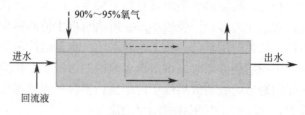

图 2-14　纯氧曝气法

此法又名富氧曝气活性污泥法。空气中氧含量仅为 21%，而纯氧中的含氧量为 90%～95%，纯氧的氧分压比空气的高 4.4～4.7 倍，用纯氧进行曝气能够提高氧向混合液中传递氧的能力。

采用纯氧曝气系统的主要优点有：氧利用率可达 80%～90%，而鼓风曝气系统仅为 10%左右；曝气池内混合液的 MLSS 可达 4000～7000mg/L，能够提高曝气池的容积负荷；曝气池混合液的 SVI 较低，一般都低于 100，污泥膨胀现象较少发生；产生的剩余污泥量少。

纯氧曝气池目前多为有盖密闭式，以防止氧气外溢和可燃性气体进入。池内分成若干个小室，各室串联运行，每室流态均为完全混合。池内气压应略高于池外以防止池外空气渗入，同时，池内产生的废气如 CO_2 等得以排出。

2.2.10 氧化沟（1959 年）

氧化沟可认为是完全混合式反应器的升级版，如图 2-15 所示，考虑当时欧洲机械曝气技术较为盛行，农村污水白天运行和夜间不运行的特点，池容较大，水力停留时间长，同时构筑物和设备较少。

这是典型的需求驱动的技术创新，混合液在沟内的流速为 0.3～0.5m/s，当氧化沟总长为 10～500m 时，污水流动完成一个循环所需时间为 4～20min。如水力停留时间定为 24h，则污水在整个停留时间内要做 72～360 次循环。可以认为在氧化沟内混合液的水质是几乎一致的。传统活性污泥法想要保持池中具有一定的生物量，必须采用污泥回流，而采用污泥回流系统必将导致投资增大，以及确定回流量、回流比的问题，针对污泥生物量以及污泥回流这一矛盾，氧化沟与二次沉淀池合建（如交替工作氧化沟），省去污泥回流装置，使得运行管理极大方便化，工艺流程变简单。

此外，氧化沟也具有某些推流式的特征，如在曝气装置的下游，溶解氧浓度从高向低变动，甚至可能出现缺氧段。氧化沟的这种独特的水流状态，有利于活性污泥的生物凝聚作用，而且可以将其区分为富氧区和缺氧区，用以进行硝化和反硝化，达到脱氮效果。

氧化沟的优点主要是：BOD 负荷低，同活性污泥法的延时曝气系统类似，对水温、

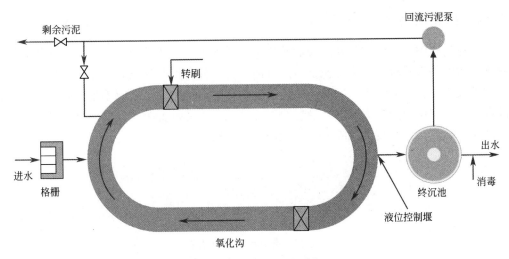

图 2-15 氧化沟原理图

水质、水量的变动有较强的适应性;污泥龄较长,一般可达 15~30d,有利于世代时间较长的微生物增殖(如硝化菌),从而利于硝化反应的发生;一般氧化沟能使污水中氨氮的去除率达到 95%~99%,如果设计、运行得当,氧化沟还具有反硝化的效果;由于活性污泥在系统中的停留时间很长,排出的剩余污泥已趋于稳定,因此一般只需进行浓缩和脱水处理,可以省去污泥消化池。

氧化沟的缺点主要表现在占地及能耗方面。由于沟深的限制以及沟形方面的原因,使得氧化沟工艺的占地面积大于其他活性污泥法。另外,由于采用机械曝气,动力效率较低,能耗也较高。

2.2.11 单级生物脱氮系统(1962 年)

传统的三级、二级脱氮工艺具备沉淀池,并且将曝气池与硝化池、反硝化池分开,虽然各个菌种在各自的最适环境下生长,运行效果较好,但是设备较多,造价高,比较复杂。单级生物脱氮系统很好地解决了处理效果与设备之间的矛盾,利用条件分离原理解决了不同微生物对不同生存环境的需求,如图 2-16 所示。条件分离、单元串联以及污泥回流,几乎成了现代工艺开发的标准模板。

图 2-16 单级生物脱氮系统原理图

单级生物脱氮系统又称后置反硝化脱氮系统。有机污染物的去除、氨化过程和硝化反应在同一反应器(曝气池)中进行,从该反应器流出的混合液不经过沉淀池,直接进入缺氧池,进行反硝化。所以该工艺流程简单,处理构筑物和设备较少。但仍存在后置反硝化所固有的缺点,即硝化过程可能碱度不足,反硝化过程可能碳源不足。

2.2.12 前置反硝化 (1962 年)

在脱氮过程中,反硝化需要碳源而硝化不需要碳源,工艺系统出现了物理矛盾,而解决物理矛盾的关键手段是分离,包括空间分离、时间分离以及系统分离等。

在单级生物脱氮系统中,缺氧池中进行反硝化时有可能发生碳源不足的情况。为了解决碳源问题,应用空间分离原理,设置前置反硝化池,使得碳源先与反硝化细菌接触,进行反硝化,随后进行好氧曝气除 BOD,如图 2-17 所示。

图 2-17 前置反硝化原理图

含硝态氮的好氧池混合液一部分回流至缺氧池(称为硝化液回流或内循环),在缺氧池内,反硝化菌利用原水中的有机物作为碳源,进行反硝化作用,将硝态氮转化为氮气,从而达到生物脱氮的目的。

该工艺的特点:缺氧池在好氧池之前,反硝化菌利用原水中的有机物作为碳源,无需投加外碳源,反硝化消耗了一部分有机物,减轻好氧池的有机负荷,减少好氧池需氧量;反硝化菌可利用的碳源更广泛,对某些难降解有机物有去除效果;反硝化反应所产生的碱度可以补充硝化反应消耗的部分碱度,对含氮浓度不高的废水可不必另行投碱以调节 pH。好氧池在缺氧池后,可以进一步去除缺氧池出水中残留的有机物,使出水水质得以改善。工艺流程简单,节省基建费用,同时运行费用低,电耗低,占地面积小。

该工艺不足之处是出水含有一定量的硝态氮,若沉淀池运行不当,会在沉淀池内发生反硝化反应,造成污泥上浮,导致污泥流失、出水水质恶化。

2.2.13 膜生物反应器 (1990 年)

在传统的活性污泥法以及其各种衍生工艺中,很难避免的一个问题就是污泥停留时间和水力停留时间的相互影响。污泥往往混合在水里,随水排走,为了保证足够的污泥停留时间(即污泥龄),需要进行污泥回流以提供较长的污泥龄,方便世代时间长的菌种生存,而这一做法也增加了操作的复杂性。为了解决停留时间这一对物理矛盾,采用系统分离原理,增加子系统——膜组件,即现阶段比较流行的膜生物反应器,如图 2-18 所示。

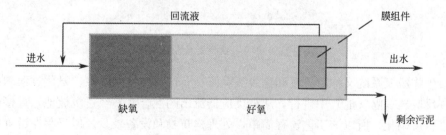

图 2-18 膜生物反应器原理图

　　膜生物反应器作为一种新型的生物处理方法，与传统的生物处理方法相比具有更好的处理性能和效果，主要表现在以下几个方面：污染物去除效果好，可以完全截留 SS 及病原微生物，处理水水质稳定；占地省，工艺结构紧凑；污泥停留时间和水力停留时间相互分离，便于运行控制；污泥浓度高，污泥负荷率低，污泥产量低；抗冲击负荷能力较强。

　　膜生物反应器的局限性在于：长期运行后，由于膜污染问题，操作压力逐步升高，膜的渗透性能降低，导致 MBR 工艺的运行周期相对较短。当前，恢复受污染膜的过滤性能的简便有效清洗技术尚待研发，膜污染已成为制约 MBR 进一步普及应用的关键障碍。此外，MBR 工艺需要较高的膜面错流流速以减轻浓差极化导致的凝胶层阻力，从而导致能耗较大。同时，膜制造成本居高不下，特别是无机膜的成本更为昂贵。

　　随着对废水处理技术的深入研究以及出水标准的日益严格，基于废水处理机理和技术发展趋势，衍生出多种废水处理方法。针对原有技术的不足，技术创新在此基础上实现更全面的处理功能。总体来说，活性污泥技术遵循技术进化的规律。新技术替代旧技术，所有技术均源于现有技术，现有技术的组合为新技术的诞生创造了可能。因此，读者可以根据技术发展趋势思考未来水处理技术的演进方向。

参考文献

[1] 布莱恩·阿瑟. 技术的本质 [M]. 杭州：浙江人民出版社，2014.

[2] Parker D S. Introduction of new process technology into the wastewater treatment Sector [J]. Water environment research，2011，83（6）：483-497.

[3] JENKINS D，WANNER J. Activated sludge-100 years and counting [M]. London：IWA publishing，2014.

随着全球人口持续增长和社会现代化加速，水资源需求不断增加，水资源短缺和水质污染问题日益严重。因此，水处理行业需要创新发展，寻求更高效、经济且环保的解决方案，以满足人类对清洁水资源的需求。

在全球碳中和的大背景下，污水处理行业也面临污水排放标准和碳排放控制之间的矛盾。随着城市规模的不断扩大，人口增多，致使污水排放标准的提高迫在眉睫，而污水排放标准的提高会导致耗能增加以及相应的碳排放量升高。随着污水处理标准的逐渐提升，污水处理行业面临更全面、更严格的处理指标以及更大的节能降碳压力。随着 TRIZ 创新思维的发展，工程师们逐渐掌握了创新的要领，在面对系统进化时衍生出的复杂问题也能从容应对。工程师们将 TRIZ 创新思维应用到前沿的水处理问题中，如"碳回收""以废治废"等，可以极大地节约污水处理行业能耗，显著降低碳排放量。

在 1.4 节中，阐述 TRIZ 作为一套系统化的发明创造工具，可以帮助工程师更深入地理解问题，更有效地寻找解决方案，通过 TRIZ 创新思维可以提高整个行业的创新能力与竞争力。根据需求端和功能端各自的矛盾不同，TRIZ 工具主要分为问题分析和问题解决两大类。

问题分析包括过程解决方案、九屏幕法、理想工具、理想度审计和功能分析等。过程解决方案可以帮助工程师分析现有的解决方案，找出其中的不足和潜在问题。九屏幕法则有利于工程师从不同的时间和空间维度去审视问题，从而更全面地理解问题。理想工具可以指导工程师们思考如何实现最佳的解决方案，而理想度审计则能评估现有解决方案的理想程度。功能分析则可以帮助识别产品或系统的各种功能以及功能间的相互关系，从而更深入地理解问题。

问题解决工具主要涵盖物理矛盾、技术矛盾、物场模型及其相关的 40 条发明原理、4 种分离原理和 76 个标准解等。物理矛盾和技术矛盾是解决问题的关键环节，它们帮助工程师识别问题矛盾的核心。物场模型则提供了一种直观的方式来表示问题，更容易发现问题的本质。40 条发明原理、4 种分离原理和 76 个标准解提供了丰富的解决问题的方法和思路，帮助找到合适的解决方案。问题解决工具是 TRIZ 工具包的最具特色部分，也是本书重点介绍的内容。每个 TRIZ 工具都具有强大的功能。为了更全面、系统和深入地理解问题并解决问题，可以将不同的工具组合使用，从而形成如图 3-1 所示的问题分析与解决推荐步骤。

在实际应用中，工程师可以根据问题难度选择使用个别工具、部分步骤或整个流程。图中的步骤 1 至 6 主要涉及问题分析过程，为解决问题奠定基础；而步骤 7 和 8 则为问题

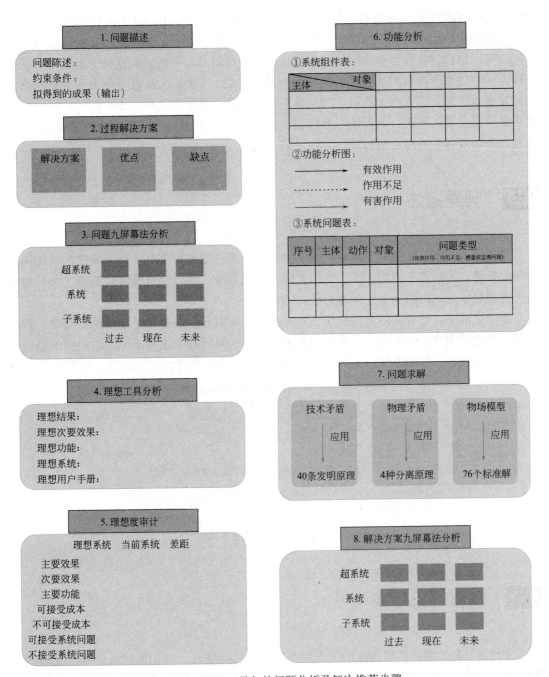

图 3-1　TRIZ 工具包的问题分析及解决推荐步骤

解决过程。步骤 7 利用问题模型寻找概念解，而步骤 8 则通过九宫格的形式多维展示前几步的解决方案，寻找可用资源，将概念解转化为实际解。

在水处理行业中，工程师可以运用 TRIZ 工具来解决各种问题，包括污水处理、水质监测、水资源优化分配等。在水质监测方面，TRIZ 工具包可以帮助工程师找到更快、更准确、更便捷的监测方法。通过九屏幕法分析，可以从不同时间和空间角度审视现有监测方法的局限，从而发现潜在的改进方向。再结合 40 条发明原理、4 种分离原理和 76 个标准解，可以寻求创新的监测技术和设备，提高水质监测的效果。对于水资源优化分配问题，可以利用理想工具和理想度审计来评估现有水资源分配方案的优缺点，并制订理想的分配方案。结合物场模型和发明原理等工具，工程师们可以寻找到实现理想水资源分配的具体方法，使水资源得到更合理、高效的利用。总之，TRIZ 工具包有望为水处理行业的创新发展提供强大的支持。通过学习和运用这些工具，不仅可以解决现有问题，还可以预测未来可能出现的问题，并提前寻找解决方案。这将大大提高水处理行业的整体竞争力，推动行业朝着绿色低碳、可持续的方向发展。

3.1 问题描述

分析问题的第一步是简要描述问题，根据功能端或需求端定义的理想系统，确定问题的约束条件，如预算不超过多少、空间范围不超过多少、是否符合设计规范等。然后对系统进行理想审计，以初步确定问题目标。

生产生活中，常有物体晃动引起不便或者安全问题等，如桌子晃动、椅子晃动、房屋晃动、管道晃动等。学生时代，老旧宿舍床易晃动的问题带来很多不便，以此为例进行展开分析，重点展示 TRIZ 分析、解决问题的方式。首先对其进行问题描述，如图 3-2 所示。

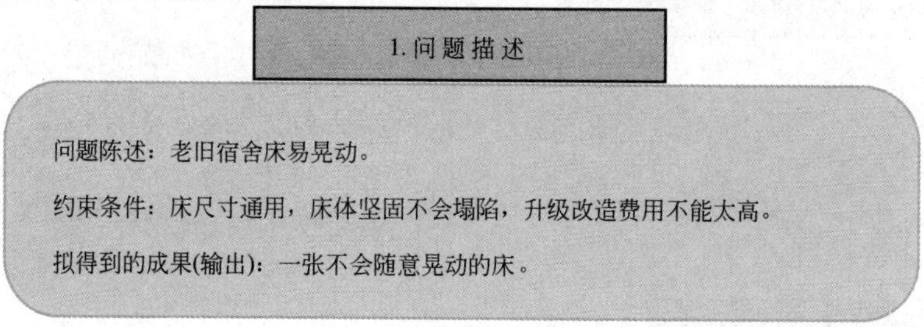

图 3-2 改进床的问题基本描述

3.2 过程解决方案

未经过 TRIZ 创新思维训练的工程师在面对复杂问题时，首先提的解决方案雏形通常较为浅层、不成熟，固有的思维模式也会使得工程师受到限制，难以设计出创新性的解决方案。

而在 TRIZ 创新思维中，过程解决方案将已知的解决方案以及在后续分析过程中产生的新解决方案（不论多么异想天开）单独记录下来，以暂时排除这些不完美的解决方案对工程师的干扰，使得工程师们可以专注于了解该问题。这个步骤的实质是通过不同的分析工具来记录工程师在创新过程中产生的想法，它类似于头脑风暴，但更加系统化。

上文例子中的过程解决方案如图 3-3 所示，已有的解决方案较少，而通过各种问题分析工具对其分析后会产生很多新的解决方案，尽管这些问题分析过程中产生的方案看起来很粗糙，但它们都是分析过程中产生的宝贵财富，最终的问题解决方案很可能来自其中或是其中部分解决方案的组合、强化。

	2. 过程解决方案		
	解决方案	**优点**	**缺点**
已有解决方案	拧紧螺栓 垫齐四脚 床紧靠墙	保证连接系统稳固 材料易得 可保证一个方向稳定	需要专业工具；螺栓所处地方狭窄不易操作 不易垫齐；需要较大力量抬起一脚；靠墙处不易操作 推动床体需要较大力量
九屏幕问题分析过程中产生的解决方案	更换坚固材料 更换合适组件 增强床体底部配重 更换床 平整地面、墙面 安装工人重新安装/维护宿舍床 双层宿舍床改为单层宿舍床 加大学校对住宿方面经费的投入 提升宿舍床制造业水平	床体不易变形 床体结构稳定 避免头重脚轻，增强稳定性 基本解决所有问题 保证床安装位置平稳 基本解决宿舍床老旧后产生的各种问题 个人空间大；宿舍床稳定性可普遍提升 解决宿舍床升级所需经费 提升宿舍床产品品质	成本高；不易改造 成本高；不易改造 成本高；不易改造 成本高 成本高；不易改造 成本高 成本高；所需宿舍空间大 学校经费少；决策时间长 产业升级所需时间长
理想工具分析中产生的解决方案	添加动态弹簧等动态平衡装置 将经典双层床换成胶囊床	抵消宿舍床所受外力作用，保证稳定平衡 集成度高；易安装；稳定	成本高；空间狭窄 不易运输
理想度审计中产生的解决方案	—	—	—
功能分析中产生的解决方案	添加直角固定件 换合适组件 床板与床架处添加布片 将床腿与床边框焊接为一体 添加横杆将床腿连接起来 购买支撑件在墙壁与床边框、床腿空隙处支撑两者	增强稳定性 降低摩擦噪声 将两者绑定后不会再晃动 增强稳定性 增强稳定性	没有专业工具情况下添加固定件难度较大 添加布片工作量较大 需要专业工具及一定操作基础 成本高、操作难 需要一定成本，选购合适支撑件较难

图 3-3　改进床的过程解决方案

3.3 问题九屏幕法分析

第一章中曾提到九屏幕法，TRIZ 体系也将九屏幕法纳入 TRIZ 工具包中。九屏幕法主要应用在问题分析、解决方法及资源搜索等方面，在此先用其进行问题分析。问题九屏幕法以九宫格的形式进行问题分析，横轴代表问题发展的时间维度，而纵轴代表系统结构的不同层级关系，通过从时间和系统层级两个维度同时考虑问题，九屏幕法工具提供了一个多角度、综合的问题分析方法，可以从宏观、细节以及不同时间维度上对问题有更全面、更深刻的认识。

图 3-4 为问题九屏幕法分析图，从宿舍床易晃动这个问题出发，在系统层次上分析了宿舍床的子系统，包括材料、螺栓、床脚等，也分析了其超系统，包括宿舍及学校等。从时间维度，分析了宿舍床晃动前的问题，即为解决什么问题才出现的当前问题，在这个例子中，宿舍床易晃动前的问题是宿舍床占地面积大且空间利用率低，为此由传统的单层床变成多层床，由此便产生了宿舍床易晃动的当前问题。在解决这个问题之后，可能会遇到

宿舍床的舒适性问题。

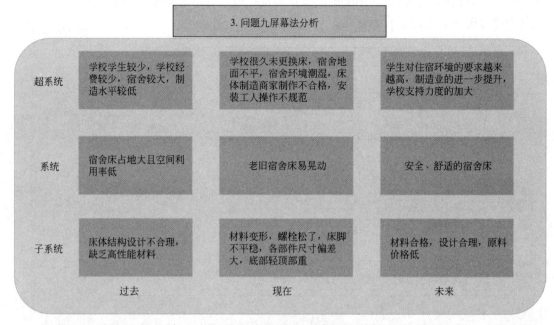

图 3-4 用于改进床的九屏幕法分析

3.4 理想工具分析

理想工具是 TRIZ 的基本工具之一，与九屏幕法注重拓展思维不同，理想工具注重理清问题脉络。从需求端和功能端出发，定义完美的状态或系统，然后反推如何实现这一完美的目标。理想工具是一种非常快速的问题分析工具，可以帮助识别基本需求并寻找对应的功能和资源以满足需求。在 2.1.2 节中，阐述系统进化的机制中一个重要的因素便是"理想度"，可以使得工程师们转换思维，快速找到下一步问题解决的方向。理想工具分析的基本逻辑如图 3-5 所示。

用理想工具分析问题的过程是对问题一步步拆解细化的过程，图 3-5 这种看似复杂的划分是为了从上到下、由整体到细节、由模糊到清晰地分析问题，即复杂问题有理想结果（或理想解），理想结果具有的效果由理想功能提供，而功能又由资源组成的系统提供。之后考虑实际约束条件，由理想系统转为实际系统，这也是接下来进行理想度审计的基础。使用理想工具的同时还要考虑相邻两者之间的关系，即理想结果需要怎样的理想效果？而理想效果为什么能实现理想结果？通过这种深挖问题的方式，更加细化问题，确定问题是系统没能提供正确功能还是作用不足等。或许有读者认为这个工具过于复杂，图 3-5 逻辑也可进行简化，即由原来的"理想结果—理想效果—理想功能—理想系统—理想资源"简化为"理想结果—理想功能—理想资源"。

接着前文例子，用理想工具对其分析如图 3-6 所示。理想工具中主要通过定义理想结

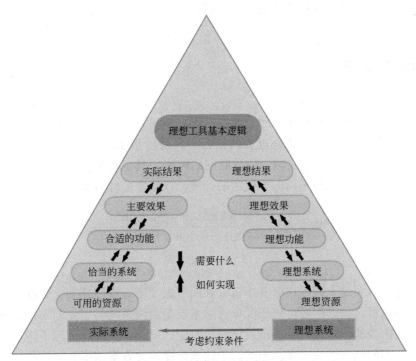

图 3-5　理想工具分析的基本逻辑示意

4.理想工具分析

理想结果：一个稳定不会晃动的宿舍床。

理想主要效果：宿舍床在外力等作用下保持稳定。

理想次要效果：舒适。

理想功能：床架结实、连接系统牢固、材料不易老化变形、便于上下床。

理想系统：宿舍里面一个可以睡觉的东西，其稳定不易晃动，还可给人舒适的上下床体验，这个东西可以是单层床、双层床、胶囊床等。

理想用户手册：便于安装，易于使用。

图 3-6　改进床的理想工具初步分析

果明确真正的需求，这个需求可分为不同层次。本例中最初的问题描述为"老旧宿舍床易晃动"，所以通过定义理想结果确定需求为"一张稳定不会晃动的宿舍床"。尽管"一张稳定不会晃动的宿舍床"是为了提升住宿质量，提升住宿质量是为了使得使用者舒适，但若将需求确定为后两者显然离题太远。但这并不意味着这个工具无效，本例中问题明确，所以容易确定真正需求，而一些不明确甚至定义有瑕疵的问题，如"如何清除水洗后零件表面留下的水迹"问题，若将需求确定为"一种完美的清除水迹的方式"则可能找不到很完美的解决方案；若将需求确定为高一级的"一个清洗后没有水迹的零件"则可以尝试更换清洗方式，如用油洗、用酒精洗；或将需求确定为更高一级的"一个干净的零件"则还可以尝试用其他方式如吹气等代替清洗以达到同样的效果。而这三种不同需求可根据问题实际情况（是否必须水洗、是否可以更换清洗方式、是否必须清洗等）确定。找清问题的关键在于确定真正的需求，这样才能够朝着正确的方向思考和解决问题。

3.5 理想度审计

通过理想工具分析，确定了理想系统。问题的解决过程是当前系统向理想系统逐渐靠近的过程，"理想度"是评价这一过程的指标，其值可用如图 3-7 所示的理想方程表示。提高理想度是 TRIZ 中的黄金法则，后续的问题解决工具也将紧密围绕着这一点展开。此外，理想度还可以作为比较不同方案优劣的标准，以确定最佳方案。

$$理想度 = \frac{利益(前期和后期所有想要的输出)}{成本(所有投入)+危害(所有不想要的输出)}$$

图 3-7　理想方程

明确理想结果帮助工程师理解基本需求，而理想度审计将更仔细、更准确地明确实际需求，进一步理解真正的问题。理想度审计的本质是当前系统与想要的系统的比较，通过比较找出目前所处的位置和想要的位置之间的差距，更进一步朝着理想迈进，并寻找比解决当前问题更多的创新解决方案。上述例子的理想度审计方案如图 3-8 所示。

5.理想度审计		
	理想系统	当前系统	差距
主要效果	宿舍床在外力等作用下保持稳定	宿舍床仅在没有外力影响下保持稳定	不能在外力影响下保持稳定
次要效果	舒适的上下床体验	上下床过程中脚凉、打滑等	缺少温度控制及摩擦控制
主要功能	床架结实、连接系统牢固、材料不易老化变形、便于上下床	床架较结实、连接系统易松动、材料易老化变形、梯子保温防滑功能较差	连接系统不够牢固、梯子不够保温防滑
可接受成本	正常或更低的成本	正常成本	不变甚至更低的成本
不可接受成本	高额花费、长期花费或额外花费	长期花费、高额花费	不接受额外的花费
可接受系统问题	不用定期维护	定期维护	不需定期维护
不接受系统问题	危险、噪声、难受	危险、噪声	不接受难受

图 3-8　改进床的理想度审计方案

3.6 功能分析

经过理想工具与理想度审计，得以明确实际需求并识别当前系统与理想系统间的差距。为进一步确定问题区域，将使用功能分析工具从功能层面定义系统问题，得到一个可视化系统组件及其相互作用关系的功能分析图及一个详细的问题列表。

功能分析是通过简单语言描述将复杂问题重述为一系列"主体—动作—对象"以构建问题模型的问题分析及问题解决工具。系统由多个不同组件构成，这些组件包括人员、设施、环境等实现功能所必需的所有要素。在系统分析中，组件可以是主体，也可以是对象。组件间的相互作用通过动作表示，为了便于跨行业交流，动作描述应采用通俗易懂的词汇而非专业术语。主体是动作的施加者，对象是动作的接收者，动作为主体对对象的作用提供能量，改变对象状态。功能是得到最终结果的方式，由两个或更多组件共同实现。

功能分析与物场模型都是 TRIZ 中的重要工具，它们主要用于分析和解决系统问题。尽管它们在某种程度上相似，但它们在分析方法和解决问题的方式上有所不同。

功能分析是一种简化版的分析方法，主要侧重于问题分析，通过简单的语言描述表示不同组件之间的相互作用。在功能分析之后，工程师可以将复杂问题分解为一系列子问题，并确定子问题的类型。然后，可以应用已经将 76 个标准解划分为 3 大类的牛津标准解来解决问题。

物场模型则可以解决更复杂的问题。它通过场（两种物质相互作用所需的或与之相关的能量）表示不同组件之间的相互作用。在使用物场模型分析系统之后，可以确定系统属于哪种类型的物场模型。然后，工程师可以应用 76 个标准解来解决问题。

总之，功能分析和物场模型都是重要的 TRIZ 工具，它们通过分析系统内不同组件之间的相互作用关系来分析和解决系统问题。功能分析更适用于简单问题分析，而物场模型可以处理更复杂的问题。在实际应用中，可以根据问题的复杂程度和需求选择合适的工具。功能分析的前提是通过九屏幕法、理想工具，特别是理想度审计初步了解问题后再进行细致的分析。功能分析的第一步是根据系统主要功能，列出系统主要组件并分析其相互作用关系，这种分析组件的方式较为烦琐，其更加适用于关系较为复杂的系统，系统较为简单时可直接绘制功能分析图；第二步是将各个组件的相互作用关系绘制成功能分析图，清晰地展现系统内部的相互关系及出现的问题；第三步总结系统内部问题，便于后续使用牛津标准解逐一解决，也利于接下来使用其他更全面的问题解决工具进一步分析解决。

为便于理解，接着上文例子，其功能分析如图 3-9 所示。

在实际使用中忽略和系统主要功能不相关的组件作用，本例中地面与墙壁的相互作用、墙壁对家具的相互作用等和系统整体不相关的相互作用省去。同时根据系统主要功能，将书柜、衣柜、书桌、椅子等组件都按家具整体考虑，以简化系统。由图 3-9 可知，老旧宿舍床的不稳定性问题主要集中在地面、床腿、床边框、墙壁等组件处。以墙壁支撑床边框这个子问题为例，其问题类型为作用不足，由此可将概念性解决方案定位至牛津标准解（附录 5）第二类针对不足的 35 个标准解处，初步浏览可再将概念性解决方案定位至

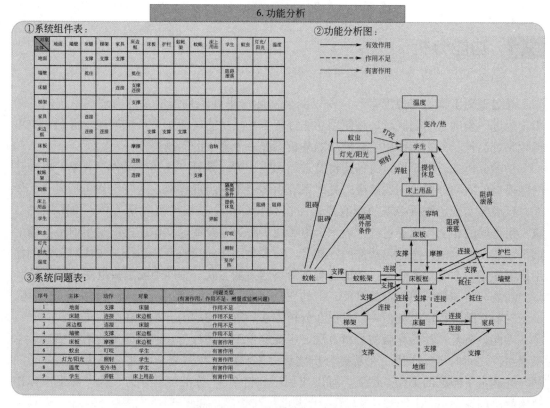

图 3-9　用于改进床的功能分析图

2-1-2、2-1-3、2-3-2 处，后续将结合可用资源将之转化为实际解决方案。

3.7　问题求解

通过上述九屏幕法、理想工具、理想度审计和功能分析等不同问题分析工具对问题进行分析，一些简单的问题已能从过程解决方案中找到合适的解决方案，而一些较为复杂的问题还需要更加专业的问题求解工具，如物理矛盾、技术矛盾、物场模型等。本小节仍以上述例子介绍问题求解工具的使用过程（此处仅简要介绍，详见本书后续章节）。

1. 技术矛盾法

由于老旧宿舍床主要可能涉及两个参数的变化，故未使用矛盾工具包中的物理矛盾而只使用了技术矛盾，其简要步骤如下：

（1）确定拟改善的参数：通过上述描述问题时使用的"稳定性"、理想功能中的"稳定"及功能分析中的连接支撑，查找附录 1 中矛盾参数释义，确定拟改善的参数为"13 结构的稳定性"。

（2）确定可能恶化的参数：在升级改造老旧宿舍床的过程中，易因添加或修改一些东西而使系统更加复杂，查找附录 1 中矛盾参数释义，确定可能恶化的参数为"36 设备的复杂性"。

（3）确定发明原理：查找附录 2 中矛盾矩阵表，本例推荐的发明原理为"2 抽取原理""35 参数变化原理""22 变害为利原理"和"26 复制原理"。通过简单分析，床腿与床边框系统较为简单，不宜使用抽取原理；系统主要为钢结构，不宜使用参数变化原理；同时系统不宜复制。因此可以考虑"22 变害为利原理"，将其他有害或无用的东西添加到这个系统里面，增强稳定性。本例中为升级、改造老旧宿舍床，而若是发明新系统，则还可以尝试其他推荐的发明原理。

2. 物场模型法

（1）分析问题：老旧宿舍床常有易晃动的问题，本问题中以床组件组成为系统进行分析，分析床的组件之间连接效果差，作用效果不足，因而产生晃动的问题。该问题作用物质是连接组件（螺栓）、受作用物质为床的各个构成组件，它们之间的相互作用属于机械场。

（2）绘制物场模型图：该问题属于系统改进的问题，需要建立相应的物场模型。

（3）分析系统的作用：图 3-10（a）为问题系统的物场模型图，由图可知螺栓与床组件之间的作用不充分，产生晃动，未达到预期的稳定效果，该问题属于第三类问题模型（不充分的系统）；结合阿奇舒勒提出的 76 个标准解中（附录 4），寻找合适的解决方案。

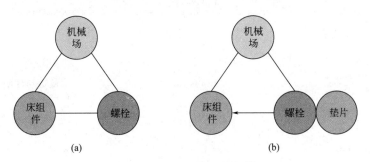

图 3-10 用于改进床的物场模型

（a）原始物场模型；（b）添加子系统——物场模型

（4）选择合适的标准解：阿奇舒勒提出针对不同类型的系统问题，可结合第 5 章 5.2.2 标准解法的使用步骤，结合附录 4 找到适合的标准解，本例中结合系统作用不足，在附录中选择"1-1-3 外部合成物场模型"，可以在作用物质或被作用物质外部添加一个附加物质，加强场的作用。

3.8 解决方案及资源分析

通过上述不同工具对问题的分析求解，工程师可以得到很多过程解决方案及概念解决方案。将这些解决方案放入九宫格中，以快速了解复杂问题的解决方案，了解不同解决方案的来龙去脉及彼此关联。这些解决方案中，过程解决方案虽大多不是完美的解，但却是解决问题的宝贵积累；概念解决方案仅是思维触发器，但会创造出更多的、更具创新性的解决方案。同时，还会在这解决方案九宫格中搜索可用的资源，以此确定更加全面综合的整体解决方案。

　　资源是创新的燃料，资源的概念极其广泛，其不仅指系统的输入，如金钱、时间、空间、技能、材料等，也指系统的每一部分，系统的特征，系统周围的资源，和系统在时间和空间上的相互作用，即资源是帮助提供功能以实现效益的任何东西。生活上伟大的发明常常包含资源的巧妙调动，指南针利用了无处不在的磁场，日晷利用了简单易得的阳光，这些发明所采用的资源都与系统的某些需求相匹配，因此找到合适的资源是至关重要的。尽管人们明白巧妙调动资源的重要性，并在生活中注意到这一技巧，但 TRIZ 强调用一种系统性的方法来了解已有资源及容易获得的资源。深入理解问题后，通过缩小资源搜索范围确定合适的资源。对于较为简单的问题，通过定义理想结果可以专注于想要的功能，而功能由资源提供，这可有效缩小资源搜索范围。而较为复杂的问题通过物理矛盾、技术矛盾、物场模型分析后确定的概念解决方案及分析过程中的过程解决方案来缩小资源搜索范围。在资源搜索的过程中，要聚焦问题区域，以此展开资源搜索；要有变害为利、最小化输入的思想；同时资源使用顺序为优先使用已有不需更改的资源，其次使用改动后的资源或者组合后的资源，最后使用系统外部资源。

　　上述案例解决方案及资源分析如图 3-11 所示。由图可知，本例想到的解决方案主要

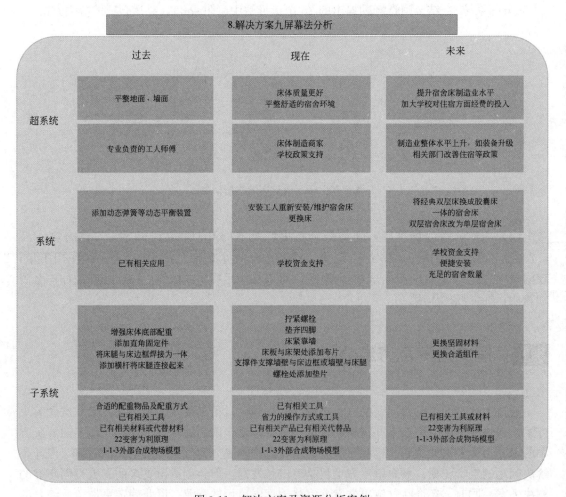

图 3-11　解决方案及资源分析案例

集中于子系统层面，结合资源分析，会产生不同的解决方案，但通过这种分析及解决问题的方式，其新的解决方案的理想度一定大于原有解决方案的理想度。本例中围绕"支撑件支撑墙壁与床边框或墙壁与床腿"过程解决方案搜索发现，市面上有售卖可调节支撑件长度的产品，可以解决这个过程解决方案需要选购合适尺寸产品的难题。同时结合"22 变害为利"发明原理搜索发现，可将废弃衣物或其他宿舍杂物等代替可调节的支撑件，达到同样效果。这仅是编者分析想出的最终解决方案，读者可通过这个流程并根据实际情况提出更多创意性的想法。

第4章　矛盾矩阵工具与提出解决方案

在 2.1.2 中我们提到系统和技术的进化机制一方面是"组合进化",另一方面是阿奇舒勒提出的理想度法则。

技术发展中,组合与创新相互依赖。通常,组合意味着将不同系统或技术相互结合,以创造新颖且更理想的解决方案。"组合"并非一个混沌、无序的过程,它遵循着一定的轨迹。每个系统都有其局限性,两个系统的组合必定包含两个系统自身局限性的碰撞,这个过程中矛盾往往出现并阻碍技术进步与系统完善。

矛盾的存在成为技术进步的重要推动力,只有当碰撞所产生的矛盾得到解决时两种系统才可以"组合";若矛盾无法得到解决,两种系统就很难组合,则难以满足需求端或功能端的需求。当工程师们试图提高系统理想度时,改善系统中的某一个参数,可能会导致另一参数的恶化,也会产生矛盾。可以发现,矛盾无处不在,每当工程师想要对系统进行完善或是对技术进行升级,便会产生矛盾。这也就意味着不同工程领域中技术革新衍生出的矛盾是阻碍行业革新的第一要素,企业需要提高员工的创新思维以便抢先一步突破行业发展的瓶颈,这样不仅可以提高企业自身的社会生产力,也可以推动整个行业革新。尽管 40 条发明原理为工程师提供了解决矛盾的通用指南,但将原理应用于解决实际问题仍需工程师的经验与创造力。解决问题需要结合发明原理、工程师的专业知识与实际经验。在此过程中,工程师需持续学习、实践与思考,以更好地应对不断变化的技术环境。

综上所述,技术进步与系统发展是一个涉及组合、创新与矛盾解决的动态过程。阿奇舒勒通过对 200 多万种专利的研究,发现每种专利的诞生均包含一个甚至多个矛盾的解决,并将矛盾分为物理矛盾和技术矛盾。TRIZ 创新思维可以帮助工程师识别矛盾,并系统地利用 40 条发明原理解决矛盾,不同的矛盾有不同的解决方案,而在某种特定的条件下,物理矛盾和技术矛盾可以相互转化。40 条发明原理是问题解决方案的钥匙,然而寻找到相对应的发明原理后如何将其转化为实际的想法,这需要工程师们经验与脑力的结合。

4.1　技术矛盾及其解决方法

4.1.1　技术矛盾的定义

技术矛盾的核心是描述系统状态,通常可从参数和系统整体两个角度分析。从参数角度分析,技术矛盾指的是一个系统中两个参数之间的矛盾,即在改善系统中某个参数 A 的同时可能会引起系统中的另一个参数 B 的恶化，且两个参数之间呈现"此消彼长"的关系。从系统整体性角度分析，技术矛盾体现的是系统的特征状态，即存在一个行为命令，该命令发出时会造成系统出现有利或者不利的效果。技术矛盾意味着当前的系统或子系统的性能或技术规范已达到极限。技术矛盾通常出现在以下几种情形中：

（1）系统引入新特性或功能会导致另一子系统产生有害因素或者加剧有害因素的影响；

（2）消除系统或子系统中存在的某一有害因素，从而导致其他子系统产生有害因素或者系统整体的稳定性和功能性受到损坏；

（3）增强系统或者子系统的有利功能以及削弱系统或者子系统的不利功能，会导致系统整体或者另一子系统的稳定性和功能性减弱，复杂性增强。

解决技术矛盾所要达到的基本目标是"通过改善系统的某一个参数或者特性，使得原本处于对立面的参数不再恶化，甚至得到改善"，即采用在对立面中取得双赢的方法，打破了常规固有的"折中"处理方法。

4.1.2　技术矛盾的解决方法

识别复杂问题背后所隐藏的核心矛盾是复杂问题得以解决的关键，也是发明过程和解决复杂问题的首要任务。通常可采用系统分析法、物场模型分析法、因果分析法以及头脑风暴法等发现并确定矛盾，然后根据矛盾的不同类型分别解决，本小节主要介绍技术矛盾的解决方法。

如前所述，技术矛盾可以简单概括为改善一个参数 A 可能会引起另一个参数 B 的恶化。因此，解决矛盾的关键在于如何改善一个参数而避免另一个参数的恶化。阿奇舒勒通过研究发现，对于参数所确定的技术矛盾来说，其与发明原理两者之间的关系能够以某种方式被描述出来，当技术人员遇到矛盾时，就可以直接选取与其矛盾相对应的发明原理。在此基础上，阿奇舒勒将 40 条发明原理与 39 个通用参数相结合，建立了矛盾矩阵，部分矛盾矩阵表见表 4-1，完整矛盾矩阵表详见附录 2。

矛盾矩阵表（部分）　　　　　　　　　　　　　　　　表 4-1

改善的 参数 ＼ 避免恶化的 参数	1 运动物体 的质量	2 静止物体 的质量	3 运动物体 的长度	4 静止物体 的长度	……	39 生产率
1 运动物体的质量		—	15,8,29,34	—	……	35,3,24,37
2 静止物体的质量	—		—	10,1,29,35	……	1,28,15,35
3 运动物体的长度	8,15,29,34	—		—	……	14,4,28,29
4 静止物体的长度	—	35,28,40,29	—		……	30,14,7,26
……	……	……	……	……		……
39 生产率	35,26,24,37	28,27,15,3	18,4,28,38	30,7,14,26	……	

由表 4-1 可知，每个矩阵轴由 39 个参数组成（上表只举例出部分参数），这些参数是通过对专利进行研究，从而发现并确定能够描述矛盾的技术系统特征和功能。改善的参数

是指技术人员希望改善的 1～39 个通用参数, 避免恶化的参数表示可能被恶化而需要维持的 1～39 个通用参数。当需要改善某一个参数时, 首先通过矛盾矩阵表确定该参数的位置, 之后在避免恶化的参数中考查各参数在系统中的重要性, 选取改善的参数与避免恶化的参数的交叉点所对应的原理作为解决两个问题的发明原理, 并通过理想度的计算最终选定拟采用的发明原理。然而在实际生产中, 避免恶化的参数大多并非为工程师们所决定, 当改善系统或者子系统中某一个参数的同时会直接恶化另一个参数, 此时可直接选择改善的参数和避免恶化参数的交叉点所对应的发明原理来解决矛盾。矛盾矩阵中对角线上的单元格（灰色单元格）所对应的是物理矛盾, 即要改善和避免恶化的参数相同。矩阵中的数字是发明原理的编号, 并且各编号的位置是按照统计结果进行排列的, 即排在前面的编号所对应的发明原理更常被用于解决该单元格所对应的技术矛盾。

正如前文所述, 每条发明原理对于不同技术矛盾的解决效果不同, 而工程师们如何透过表面的复杂问题看到隐藏于其背后的矛盾, 进而确定其所对应的参数是解决问题的关键。因此, 应该如何理解矛盾矩阵表中 39 个不同的参数呢?

图 4-1 为利用矛盾方法解决系统问题的逻辑顺序流程图, 这不仅适用于技术矛盾, 也适用于物理矛盾。该解决流程通过寻找解决方案来发现矛盾, 并看到解决方案的优缺点, 之后不断追问它如何让问题变得更好或更糟, 最后从根本上解决系统问题。

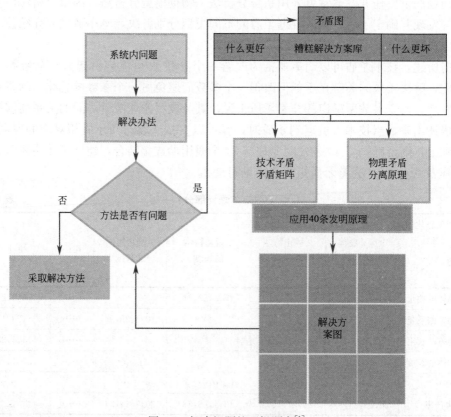

图 4-1　解决问题的逻辑顺序[1]

使用矛盾矩阵的具体步骤:

（1）确定参数：确定实际问题中需要改善的参数 A 及需要避免被恶化的参数 B；

（2）标准化：在矛盾矩阵的改善的参数中找出需要改善的参数 A，在矛盾矩阵的避免恶化的参数中找出避免被恶化的参数 B，然后确定两者的交叉点，交叉点处单元格中的数字就是矛盾矩阵推荐的发明原理的序号，且序号按使用次数排列。

在使用矛盾矩阵时需要注意以下几点：

（1）对于某一对确定的技术矛盾，矛盾矩阵所推荐的发明原理只是指出最有可能解决问题的思考方向（由大量的高级专利统计分析而来）；对于实际问题，并不是每一个被推荐的发明原理都一定能解决该技术矛盾；

（2）对于复杂问题，如果使用了某条发明原理，而该发明原理又引起了另一个新的问题，不要马上放弃该发明原理。可以先解决现有问题，然后将这种副作用作为一个新问题来解决；

（3）矛盾矩阵不是对称的，要注意改善的参数和避免恶化的参数。

矛盾矩阵适用于解决具有明显相关特征的两个参数之间的问题，当改进或改变一个参数（如强度）时，另一个相关参数（如质量）可能会变得更差，避免恶化的参数（额外质量）是由于改变或改进其他参数（更大强度）而得到的输出。在矛盾矩阵的垂直轴上选择要更改或改进的参数，并在水平轴上确定其他参数，如图 4-2 所示，这些参数相互关联且矛盾。当试图改善一个参数（如强度）时，另一个参数（如质量）就会变差，反之亦然；这种情况导致工程师们的思维似乎被限制在了折中曲线上，从而仅能得到一套折中的解决方案。然而工程师们目标是将思维脱离原有的折中线上，跳跃至一个新的折中线上，此时解决方案转变为如图 4-2 虚线所示的创新解决方案，因此找到了 TRIZ 理论来打破这两个参数之间的联系[1]。实现折中线的跳跃，依赖的是 40 条发明原理。

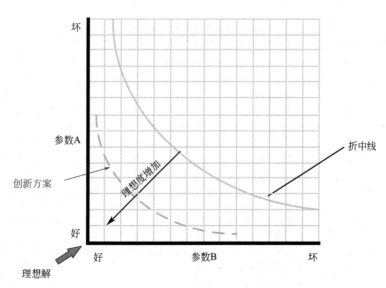

图 4-2　参数图表

在查找解决方案时，可以将需要改善的参数及避免恶化的参数映射到 39 个参数上，将要改变的方面对应转化为物质损失、结构的稳定性和可靠性等 39 个参数，从而将特殊解决方案转化为更具有普遍性的发明原理所对应的标准解决方案。

当工程师们在一个系统中同时面对若干个变量时，首先需要利用 TRIZ 创新思维明确功能端和需求端，而不被其衍生出的其他（或重要）问题所干扰。使得系统的理想度得到最大化，并解决由此产生的矛盾（往往是单一的矛盾），这不仅可以使得系统满足工程师们的需求，同时也可以解决大部分衍生出来的矛盾。明确问题，可以减少工程师们所要面对的问题的混乱性，并且建立一个基本的问题模型，使用 TRIZ 方法找到最优解。大多数复杂问题的核心都是由已知解决方案的问题簇组成的。这就使得工程师们需要聚焦于问题的核心，找到 TRIZ 所提供的答案，再将解决方案与实际情况相结合。

4.2　40 条发明原理及其在水处理行业应用

发明原理是 TRIZ 创新体系中的核心组成部分。随着科学技术的发展，对于技术的理解也逐渐由阿奇舒勒的机械时代向着新理念、高节能、强创新的方向靠拢，特别是数据作为生产的重要元素，已经对社会生产和生活产生重大影响，互联网大数据、虚拟仿真体验以及动态实时控制逐渐占据主导地位，TRIZ 在面对信息化和数值化变革方面也面临严峻挑战。TRIZ 的最新版本为 96SS，但这个版本太过复杂，不易掌握，目前应用较少。尽管如此，TRIZ 对于解决大部分工程问题依然可以获得很好的结果。阿奇舒勒通过对世界上大量的专利进行分析研究发现，发明家用来求解发明问题的方法其实是有限的，他认为发明原理一定是客观存在的，如果能够掌握这些原理，就可以应用于各个行业中。基于此，阿奇舒勒归纳总结了 40 种常用的解决发明问题的方法，这就是 TRIZ 理论的 40 条发明原理（表 4-2）。

TRIZ 理论的 40 条发明原理　　　　　表 4-2

序号	发明原理	序号	发明原理
1	分割原理	14	曲面化原理
2	抽取原理	15	动态特性原理
3	局部质量原理	16	不足或超额作用原理
4	不对称原理	17	维数变化原理
5	组合原理	18	机械振动原理
6	多用性原理	19	周期性作用原理
7	嵌套原理	20	有效作用持续原理
8	质量补偿原理	21	减少有害作用的时间原理
9	预先反作用原理	22	变害为利原理
10	预先作用原理	23	反馈原理
11	事先防范原理	24	中介原理
12	等势原理	25	自服务原理
13	反向作用原理	26	复制原理

序号	发明原理	序号	发明原理
27	廉价替代品原理	34	抛弃或再生原理
28	机械系统替代原理	35	参数变化原理
29	气液压力原理	36	相变原理
30	柔性壳体或薄膜原理	37	热膨胀原理
31	多孔材料原理	38	强氧化剂原理
32	改变颜色原理	39	惰性环境原理
33	同质性原理	40	复合材料原理

TRIZ 理论的 40 条发明原理及其在水处理行业的应用见附录 3，本小节以分割原理、抽取原理、局部质量原理和不对称原理为例说明发明原理在水处理行业的应用。

1. 分割原理

分割原理指将一个物体分成独立的部分，使物体易于拆卸，增加碎片化或细分程度。当原有物体的整体或宏观系统需要执行某一功能时，由于条件不满足或所需要的条件过于苛刻，此时采用分割原理将其细分化，降低所需条件的临界值。生活中常见的中性笔即采用了分割原理，将笔芯与笔套分开，不仅便于用户更换笔芯，同时也便于厂商标准化生产。

反渗透装置能够去除水中溶解性无机物质、细菌等，是水处理中制备纯水的关键设备。图 4-3 为超纯水制备工艺流程图，原水经多介质过滤器及反渗透装置，可有效地去除原水中 97% 以上的溶解性无机物质、分子质量大的有机物、99% 以上的包括细菌等在内的各种微粒。该装置采用多个反渗透膜元件，通过增加元件可大幅提升纯水的生产率（39），同时也维持了良好的维修性（34），仅需定期更换反渗透膜元件即可。

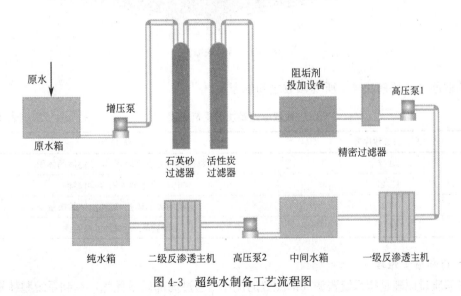

图 4-3　超纯水制备工艺流程图

分割原理主要解决表 4-3 所列参数之间的矛盾。

分割原理解决的主要矛盾 表 4-3

矛盾的参数序号	改善/维持
26/32	物质或事物的数量/可制造性
32/1	可制造性/运动物体的质量
12/32	形状/可制造性
39/34	生产率/可维修性

2. 抽取原理

抽取原理主要指系统环境或物体内部出现特定的部分或属性，这部分或属性可能对系统有益也可能对系统无益，系统又恰好需要将特定的部分或属性单独抽取出来。现在大部分的废物利用就是利用了抽取原理，将废物中不利于系统的属性抽取出来，在降低污染的同时，更好地服务人类生活。

在水处理中，有时也会用抽取原理来提高效率或解决问题。比如，经曝气池和沉淀池产生的剩余污泥含水率极高，体积大，增加了占地面积。为了解决这一矛盾，需要改善的参数是运动物体的体积（7），而需要保持的参数是运动物体的质量（1）。因此，工程师们发明了如图 4-4 所示的污泥浓缩池，利用重力将污泥浓缩。相比以前的高含水污泥，浓缩后的污泥不仅体积减小（7），而且污泥质量大幅降低（1），便于后续处理。

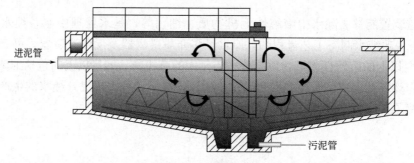

图 4-4　污泥浓缩池

抽取原理主要解决 4-4 所列参数之间的矛盾。

抽取原理解决的主要矛盾 表 4-4

矛盾的参数序号	改善/维持
31/7	物体产生的有害因素/运动物体的体积
15/27	运动物体的耐用性/可靠性
7/1	运动物体的体积/运动物体的质量
1/33	运动物体的质量/可操作性

3. 局部质量原理

局部质量原理是指系统资源局部配置的优化，通过局部质量优化，达到系统整体资源配置的优化。如将对象的结构或外部因素从均匀更改为非均匀，使对象的每个部分都在最适合其操作的条件下运行，并承担不同的功能。所谓"好钢用在刀刃上"说的就是这个意思。

离心泵是水处理中用于提升液体的关键性基础设备，其主要由泵体、叶轮、泵轴组成。若全部采用相同材料，则部分材料未充分使用或不能满足使用要求，因此根据每部分的特定需要采用不同的材料。如污水提升泵泵体一般采用低镍铬铸铁，叶轮通常采用高铬铸铁，而泵轴主要采用 35 号钢；用于传递动力的泵轴是污水提升泵的关键零件，它的好坏决定了整体的效果，同时其价格是其他部件的两倍。在这里便体现了局部质量原理的思想，为了增强泵轴对多种不利环境的适用性（35）且不增加物质的数量（26），便对泵轴局部强化，即使用更高品质的材料。这不仅保证了泵轴支撑叶轮转动，还使其具有高强度、耐高温、耐腐蚀的特性。因此根据局部质量原理，将关键部件采用优质材料是十分值得的。最后局部质量原理与前文所述的分割原理有相似之处，两者都提到了分离，但后者强调分离后的独立，而前者着重于分离以使部分得到强化。

局部质量原理主要解决表 4-5 所列参数之间的矛盾。

局部质量原理解决的主要矛盾　　　　　　　　　　　　　　　　表 4-5

矛盾的参数序号	改善/维持
10/27	力/可靠性
29/14	制造精度/强度
26/36	物质或事物的数量/设备的复杂性
35/26	适应性及多用性/物质或事物的数量

4. 不对称原理

不对称原理指利用系统状态的改变来达到优化系统的目的，可将对象的形状从对称改为不对称；如果对象已经不对称，则增加其不对称程度；或是利用不对称维持系统的某种状态、改变系统的参数或者属性等。不对称原理与局部质量原理有相似之处，均给人以不协调的感觉，但后者主要强调不均匀后满足功能的多样化，而前者更多强调的是加深多功能化的程度，利用对系统状态的改变来达到优化和深化系统功能目的。飞机机翼便利用了不对称性原理，其上下表面不对称，形成压力差以产生升力。在给水排水工程设计中，为了防止介质倒流导致驱动电动机反转，往往在关键部位设置单向阀，单向阀中阀瓣所处的阀体尺寸大小不对称，阀瓣的尺寸大于阀体进水处孔道的尺寸。如图 4-5 所示，当水流逆向流动时，逆流产生的压力将钢珠紧紧卡在阀体内部管径变化的部位，无法将阀瓣挤压而使得进水口孔道打开，从而切断流动；当钢珠受到正方向的水流压力时，阀瓣会在水流的

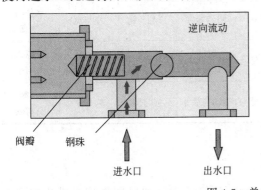
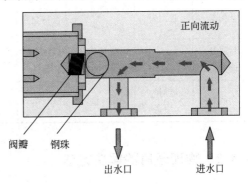

图 4-5　单向阀工作过程

挤压下而收缩使得出口的孔道打开，水流正常通过。

由于单向阀中进出水口处的管径大小不对称，使得其具有防止液体倒流的功能；其中改善的参数是自动化程度（38），依靠阀体自身孔道尺寸的不对称性而实现防止介质倒流功能，无需人为操作。由于结构不对称增加了防止逆流功能，使得双向阀变成单向阀，虽然弱化了双向流动，但弱化了单向流动，总体维持了该阀的适应性及多用性（35）。

不对称原理主要解决表 4-6 所列参数之间的矛盾。

不对称原理解决的主要矛盾　　表 4-6

矛盾的参数序号	改善/维持
1/17	运动物体的质量/温度
3/5	运动物体的长度/运动物体的面积
12/7	形状/运动物体的体积
38/35	自动化程度/适应性及多用性

4.3 物理矛盾及其解决方法

4.3.1 物理矛盾的定义

物理矛盾反映的是唯物辩证法中的对立统一规律。一方面，物理矛盾侧重于相互排斥，即同一性质相互对立的状态，假定非此即彼；另一方面，物理矛盾又要求所有相互排斥和对立状态的统一，即矛盾的双方存在于同一客体中。

当对系统中某个参数提出两种相反的要求时，便出现了物理矛盾。物理矛盾是指对同一参数提出相互排斥的需求时出现的一种物理状态，其存在于技术系统中的宏观参数及微观量的参数中。表 4-7 将工作生活中常见的物理矛盾列举出来，主要分为几何类、材料及能量类和功能类。

常见的物理矛盾　　表 4-7

类别	性质							
几何类	长与短	对称与不对称	平行与交叉	厚与薄	圆与非圆	锋利与钝	窄与宽	水平与垂直
材料及能量类	多与少	密度大与小	导热率高与低	温度高与低	时间长与短	黏度高与低	功率大与小	摩擦力大与小
功能类	喷射与堵塞	推与拉	冷与热	快与慢	运动与静止	强与弱	软与硬	成本高与低

4.3.2 物理矛盾的解决方法

对物理矛盾的深刻理解是解决物理矛盾的关键，TRIZ 中可通过理想结果描述物理矛盾，即理想结果中引入功能或者特性，同时通过相反的功能或者特征定义物理矛盾。这样便将实际的问题描述带回到理想的结果上，更加深入地理解和认识需求端，准确找出物理矛盾的核心。

解决物理矛盾的核心是实现矛盾双方的分离，以便在不同的时间、地点或特定条件下获得相反的利益。实现这些相反利益/解决方案的指南是 TRIZ 分离原理，其能够用来指示选择 40 条原理中的最佳解决方法。阿奇舒勒曾在 20 世纪 70 年代针对物理矛盾提出了 11 个解决方法。

（1）相反需求的空间分离。从空间上进行系统或子系统的分离，以在不同的空间实现相反的需求。

例如：脱氮除磷工艺中，为了使得硝化细菌和反硝化细菌在其各自的最适应条件下生长，分别建立缺氧池和好氧池以满足其对于溶解氧的不同需要。

（2）相反需求的时间分离。从时间上进行系统或子系统的分离，以在不同的时间段实现相反的需求。

例如：SBR（序批式活性污泥法）反应器利用进水、反应、沉淀、排水阶段处于不同时间段，在同一空间中从时间上将各个阶段分离，完成操作。

（3）系统转换 1

1）系统转换 1a。将同类或异类系统与超系统结合。

例如：在污水处理厂，智能监测装置设置在各个构筑物中，通过各构筑物的水质等数据，对处理能力和效果作出分析，以便及时调控。

2）系统转换 1b。从一个系统转变到相反的系统，或将该系统与相反的系统进行组合。

例如：萃取就是利用互不相溶的溶剂，使物质从一种溶剂转移到另一种溶剂中，从而将所需的物质提取出来。

3）系统转换 1c。整个系统具有特性"F"，同时，其零件具有相反的特性"-F"。

例如：带式压滤机的链轮传动结构中的链条，其链条中的每颗链节是刚性的，多颗链节连接组成的整个链条却具有柔性。

（4）系统转换 2。将系统转变为继续工作在微观级的系统。

例如：使用 SLP 小精灵法分析溶解氧中的影响因素，便是从微观系统出发，将一个个气泡当作一个独立的子系统，从而模拟其在传质中受到的影响，进而提出改进溶氧传质的方法。

（5）相变 1。改变一个系统的部分相态，或改变其环境。

例如：氧气以液体形式进行储存、运输和保管，以便节省空间，使用时在压力释放下转化为气态。

（6）相变 2。改变动态系统的部分相态（依据工作条件来改变相态）。

例如：热交换器包含镍钛合金箔片，在温度升高时，交换镍钛合金箔片位置，以增加冷却区域。

（7）相变 3。联合利用相变时的现象。

例如：工业中，蒸发式冷却塔就是以水作为循环冷却剂，利用水蒸发吸热的原理从而达到冷却的目的。

（8）相变 4。以双相态的物质代替单相态的物质。

例如：抛光液由含有铁磁研磨颗粒的液态石墨组成。

（9）物理—化学转换。物质的创造—消灭，是作为合成—分解、离子化—再结合的一个结果。

现代 TRIZ 在总结解决物理矛盾方案的基础上，将以上 11 个分离原理概括为 4 种分离方法，即时间分离、空间分离、条件分离和系统分离。这四种分离方法的核心是相同的，都是将同一个对象相互矛盾的需求分离开，从而使矛盾双方得到满足。不同之处在于使用不同的分离方法来分离矛盾，4 种分离方法见表 4-8。阿奇舒勒根据专利的总结分析不同的分离方法搭配相对应的发明原理可得到合适的解决方案。

4 种分离方法 表 4-8

四种分离方法	原理解释
时间分离	在不同的时刻满足不同的需求
空间分离	在不同的空间上满足不同的需求
条件分离	在不同的条件下满足不同的需求
系统分离	在不同的系统上满足不同的需求

1. 时间分离

所谓时间分离，是将矛盾双方在不同的时间段分离开来，以成功解决问题或降低问题的解决难度。时间分离指在不同的时间获得相反的利益，比如想要一个塑料袋有大有小（装物品的时候要大，但使用前和使用后都要小），当需要使用时满足使用需求，但不需要使用时也不占用过多体积。

使用时间分离前，首先需要确定在整个时间段内，矛盾的需求是否都在沿着某个方向变化；如果在某一段的时间段内，矛盾的一方可以不按一个方向变化，则可以使用时间分离原理来解决问题。也就是说，当系统或关键子系统矛盾双方在某一时间段中只出现一方时，则使用时间分离的方法。

时间分离法常用的发明原理，见表 4-9。

时间分离法常用的发明原理 表 4-9

分离方法	发明原理	分离方法	发明原理
时间分离	1. 分割原理	时间分离	20. 有效作用持续原理
	7. 嵌套原理		21. 减少有害作用的时间原理
	9. 预先反作用原理		24. 中介原理
	10. 预先作用原理		26. 复制原理
	11. 事先防范原理		27. 廉价替代品原理
	15. 动态特性原理		29. 气液压力原理
	16. 不足或超额作用原理		34. 抛弃或再生原理
	18. 机械振动原理		37. 热膨胀原理
	19. 周期性作用原理		

2. 空间分离

所谓空间分离，是将矛盾双方在不同的空间上分离开来，成功解决问题或降低问题的解决难度。比如想要一个杯子既能装热水又不烫手：接触手的部分是冷的，装热水的部分是热的。

使用空间分离前，先确定在整个空间中，矛盾是否都在沿着某个方向变化，如果在空间中的某一处，矛盾的一方可以不按一个方向变化，则可以使用空间的分离原理来解决问题。也就是说，当系统或关键子系统矛盾双方在某一空间上只出现一方时，即可使用空间分离的方法。

空间分离法常用的发明原理，见表 4-10。

空间分离法常用的发明原理　　　　　　　　　　　表 4-10

分离方法	发明原理	分离方法	发明原理
空间分离	1. 分割原理	空间分离	14. 曲面化原理
	2. 抽取原理		17. 维数变化原理
	3. 局部质量原理		24. 中介原理
	4. 不对称原理		26. 复制原理
	7. 嵌套原理		30. 柔性壳体或薄膜原理
	13. 反向作用原理		40. 复合材料原理

3. 条件分离

所谓条件分离，是将矛盾双方在不同的条件下分离开来，以成功解决问题或降低问题的解决难度。当难以在时间或空间上分开时，在某种条件下出现相反的解决方案，即矛盾双方在某种条件下只出现一方时，可以条件分离。相反的解决方案是根据组件的某些条件或某些特征来实现的。该解决方案适用于某些元素，但不适用于其他元素，一个解决方案适用于一个元素，另一个元素适用于相反的解决方案。

在基于条件的分离前，需要首先确定各种条件下矛盾的需求是否都沿着某个方向变化；如果在某种条件下，矛盾的一方可不按一个方向变化，则可以使用基于条件的分离原理来解决问题。也就是说，当系统或关键子系统矛盾双方在某一条件下只出现一方时，即可使用条件分离的方法。

条件分离法常用的发明原理，见表 4-11。

条件分离法常用的发明原理　　　　　　　　　　　表 4-11

分离方法	发明原理	分离方法	发明原理
条件分离	1. 分割原理	条件分离	13. 反向作用原理
	5. 组合原理		14. 曲面化原理
	6. 多用性原理		22. 变害为利原理
	7. 嵌套原理		23. 反馈原理
	8. 质量补偿原理		25. 自服务原理

分离方法	发明原理	分离方法	发明原理
条件分离	27. 廉价替代品原理	条件分离	33. 同质性原理
	28. 机械系统替代原理		35. 参数变化原理
	29. 气液压力原理		36. 相变原理
	31. 多孔材料原理		38. 强氧化剂原理
	32. 改变颜色原理		39. 惰性环境原理

4. 系统分离

所谓系统分离，是将矛盾双方在不同的系统级别分离开来，以实现问题的解决或降低问题的解决难度。当系统或关键子系统矛盾双方在子系统、系统或超系统级别内只出现一方时，可使用系统级别的分离方法解决问题。

系统分离法常用的发明原理，见表 4-12。

系统分离法常用的发明原理 表 4-12

分离方法	系统类别	发明原理
系统分离	转换到子系统	1. 分割原理
		3. 局部质量原理
		24. 中介原理
		25. 自服务原理
		27. 廉价替代品原理
	转换到超系统	5. 组合原理
		6. 多用性原理
		12. 等势原理
		22. 变害为利原理
		23. 反馈原理
		33. 同质性原理
		40. 复合材料原理
	转换到竞争性系统	6. 多用性原理
		8. 质量补偿原理
		22. 变害为利原理
		25. 自服务原理
		27. 廉价替代品原理
	转换到相反系统	40. 复合材料原理
		13. 反向作用原理

4.4 技术矛盾与物理矛盾的关系及转化

4.4.1 技术矛盾与物理矛盾的关系

通常 40 条发明原理主要用来解决技术矛盾，但对超过 4 万份专利以及三级发明的相关分析表明，虽然创新性创造原则和发明原理使用的次数较少，但是在运用发明原理的专利中都表现出了其强大的解决问题的能力，并为发明产品提供了创新性的应用方式。

然而，由于技术矛盾本身具有相对薄弱性，40 条发明原理只能用于解决技术问题的中间阶段。此外，物理矛盾导致技术矛盾的产生，技术矛盾描述了整个系统中的冲突，而物理矛盾仅指系统中单个明确定义的部分，为了满足最终理想结果的要求而发生变化。物理矛盾基于最终理想结果，最终理想结果决定了物理矛盾的启发式能力。

技术矛盾是技术特性的冲突，例如生产力与操作性的冲突；而物理矛盾是物理及更深层次特性的冲突，例如固液、长短、大小、高低等。在物理矛盾中，冲突被加剧到了极端："同一个对象必须具有相反的属性"，这属于一个真正的辩证矛盾。技术矛盾是对矛盾存在事实的确定，而物理矛盾则对系统提出明确的矛盾要求，是系统中技术问题的最简洁和精确的表述，与技术矛盾相比，其更容易解决。在数学语言中，物理矛盾相当于描述技术问题的一个等式。类似于在数学方程解中，不同类型的方程通过一系列固定的解题步骤进行求解，解决物理矛盾也有着固定的模板，可以将系统或者子系统中的物理矛盾对应相适应的发明原理进行转化，从而解决系统中存在的物理矛盾。近年来，物理矛盾和技术矛盾的相对重要性引起了大量的关注和讨论。基于创新发明方法流程的分析以及苏联 TRIZ 专家的研究表明，物理矛盾比技术矛盾更为重要。研究表明，就产生的想法数量而言，不同的矛盾类型之间没有显著差异；但当将问题同时既归为技术矛盾，又归为物理矛盾时，产生的有用想法的总数要多得多。出现这种情况的原因在于对问题解决进行归类时，在物理矛盾和技术矛盾之间做出选择的行为本身就是另一个矛盾，在任何非此即彼的讨论中，最好的答案很可能是：

（1）提出了错误的问题；

（2）采用两者和的方法远比采用二选一的方法更可取[2]。

技术矛盾是指技术系统中两个参数之间"此起彼伏"的矛盾关系。解决方法主要包括，寻找一个"折中的方案"进而平衡系统矛盾（为了提高一个性能指标，而在另一个性能指标上做出牺牲）和彻底地消除矛盾（取得双赢）两种方式。前一种解决方案是普通工程师们面对复杂问题时的通用解，而后一种方法则是创新性思维的创造解。

物理矛盾是指在一个系统中同一元素的两种需求端无法妥协时，产生了更加尖锐的矛盾，构成了相反的需求。工程师们可以通过四大分离方法进行解决。对技术矛盾与物理矛盾进行了比较，结果见表 4-13。

技术矛盾与物理矛盾的比较　　　　　　　　　　　　　表 4-13

区别	技术矛盾	物理矛盾
矛盾程度	缓和	尖锐
参数关系	此起彼伏	相互抵触
解决工具	矛盾矩阵	四大分离原理

技术矛盾和物理矛盾都反映的是技术系统的参数属性，就定义而言，技术矛盾是指技术系统中两个参数之间存在着相互制约；物理矛盾则是指技术系统中一个参数无法满足系统内相互排斥的需求；两种矛盾之间相互联系。例如，为了提高子系统 Y 的效率，需要对子系统 Y 加热，但是加热会导致其邻近子系统 X 的降解，这属于技术矛盾；此外，该问题也可以用物理矛盾来描述，即要求温度既要高又要低，高的温度在提高 Y 的效率的同时恶化了 X 的质量，而低的温度既不会提高 Y 的效率，也不会恶化 X 的质量。所以技术矛盾与物理矛盾之间是可以转化的[3]。在某些情况下，与物理矛盾相比，技术矛盾隐藏性更弱，更容易被发现。总之，技术矛盾和物理矛盾从不同的角度和深度对同一个问题进行了描述。

4.4.2　将技术矛盾转化为物理矛盾

对某一系统而言，矛盾产生于需求端与功能端的不平衡。所以需求与功能之间的不平衡是矛盾的核心点，从这个核心点的两个方面延伸出两条逻辑链，即技术矛盾与物理矛盾。在技术矛盾中，需求与功能之间的对立表现为系统中两个参数此起彼伏的关系，而在物理矛盾中，需求与功能之间的对立表现为非此即彼的关系。

在技术矛盾中，两个参数之所以形成类似"跷跷板"的关系，就是因为这两个参数之间是相关的，二者体现出功能与需求的不平衡，此时可以通过逻辑关系推导建立一条连接两个参数的逻辑链。从逻辑上来说，技术矛盾是当系统的需求端与功能端不平衡时，两个互斥的需求被这条链上的两个不同节点所承载，而物理矛盾是指当系统的需求端与功能端不平衡时，互斥的需求汇聚于链上的某一结合点。因此，技术矛盾转化为物理矛盾的过程就是，将两个分别位于不同节点上的互斥需求通过功能与需求不平衡的这座桥梁汇合到一个结合点上，技术矛盾与物理矛盾之间的转化如图 4-6 所示。

例如：在污水处理过程中，为了防止泵和管道被固体污染物堵塞，通常需设置格栅以在污水进入污水处理厂之前将固体污染物去除。对于格栅而言，其主要作用是拦截并去除固体污染物，但是污染物的堆积会导致污水过栅能力大幅降低，这就迫使去增大格栅条间隙以增大过流能力。然而格栅条间隙的增大，又会导致截污能力降低，影响后续的水处理单元。由此可见，受到格栅间隙的制约污染物截留能力与污水过栅能力相互影响，相互制约。

如图 4-7 所示，在此实例中，技术矛盾表现为想要改善过流能力，就需要增大栅条间隙，但增大栅条间隙就会导致截污能力下降，使得更多的固体杂质流入后续处理工序中，影响污水处理效果。其中过流能力和截污能力为一对技术矛盾。可以将其转化为物理矛盾，从技术矛盾的两个"此起彼伏"的参数（改善的参数为过流能力，避免恶化的参数为截污能力）入手，向前追溯，判断出系统产生矛盾的原因（需求与功能的不平衡），从技

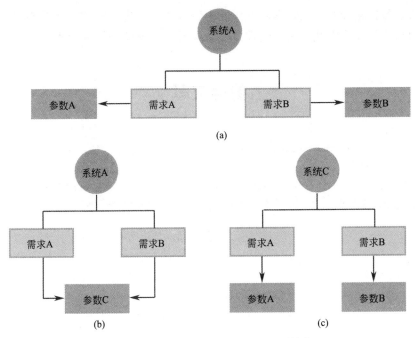

图 4-6 技术矛盾与物理矛盾之间的转化

（a）互斥需求被两个节点承担为技术矛盾；（b）互斥需求汇聚一点时表现为物理矛盾；（c）技术矛盾转化为物理矛盾

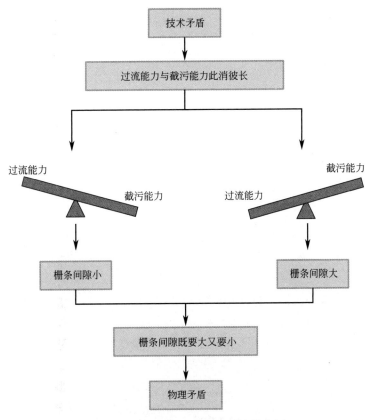

图 4-7 技术矛盾与物理矛盾转化实例

术矛盾的两个参数端开始定义，提高截污能力就需要缩短栅条间隙，而要想增大过流能力就需要增加栅条间隙。因此，栅条间隙既要大又要小，这就是物理矛盾。

参考文献

［1］ GADD K. TRIZ for engineers：enabling inventive problem solving［M］. New York：John wiley & sons，2011.

［2］ MANN D. Evaporating contradictions-physical and/or technical［J］. The TRIZ journal，2007.

［3］ 赵敏，史晓凌，段海波. TRIZ 入门及实践［M］. 北京：科学出版社，2009.

第5章 物场模型与技术升级

前面的章节涵盖了许多经典的 TRIZ 工具，包括矛盾矩阵、理想度、理想度审计及九屏幕法，所有的 TRIZ 创新思维方法都有各自的流程和算法，使得工程师们可以针对不同的复杂问题快速求解。经典的 TRIZ 理论还有一个重要部分：物场模型，它是一个相对"原始"的工具。物场模型主要用来解决特别具有挑战性的问题，其复杂程度往往超出系统本身，需要工程师们将思考维度从系统本身跨越至超系统中，这也导致了物场模型很难被广泛应用。TRIZ 创新思维中包括很多种解决复杂问题的方法，使得许多工程师们利用 TRIZ 中的其他功能取代物场模型，在面对大部分问题时这样取代可以节省分析问题的时间，但是面对一些具体问题，不得已必须使用物场模型这一最原始的、最强大的 TRIZ 工具。

工程师们熟知的矛盾矩阵是一种创新性很强的方法，但因其使用时对系统参数的认识和分析具有很高的要求，从而对该方法的广泛使用造成一定的困难。当工程师们难以确定技术系统（或子系统）中的参数时，就需要采用物场模型的方法对系统进行分析。

通过分析技术系统内部构成要素之间的相互关系、相互作用，物场模型可以针对任何一个复杂问题提出寻找技术解决方案的方法，构建出一个相对应的模型，并针对现有技术系统内的具体问题进行详细分析。在此基础上，结合 76 个标准解寻求技术的最佳解决方案。

5.1 物场模型概述

工程师们在使用矛盾矩阵时，针对的是某个问题所对应的发明原理很容易被发现的情况，并且用户在使用前需要首先明确改善技术参数（通常被限定为 39 个参数）可能产生的后果，然而在实际使用过程中，如何在 39 个参数中准确识别问题所对应的参数是使用者所面临的巨大挑战，因此如何准确识别并确定复杂问题所对应的具体通用参数这一问题亟需解决。此时就需要工程师们借助物场模型这一 TRIZ 工具。

物场模型分析对工程师来说是非常强大的，因为它可以构造出一个复杂问题所对应的最精确的模型，去除了不相关或相关性较小的细节，极大地减少了问题的紊乱度。实践表明，物场模型是一个快速、精确的建模工具，有助于工程师明确问题并快速解决问题。物场模型通过建模从而对系统进行分析以及解决问题，将问题精确化，使得抽象的问题变为具体模型。从抽象到具体的这一转变逐渐使得工程师们认为物场模型是矛盾矩阵以及进化法则的替代方法。

5.1.1 物场模型的概念与表达

物场模型是将系统的功能拆分成两种物质和一个场,其中一种物质通过场对另一种物质作用,从而实现该系统的功能。物质是指材料或组成部分以任何物理状态或形式存在,如固体、气体、液体、粉末、凝胶等,它可以具有弹性、反射、导电等任何物质特性;场不仅指物质与物质之间的作用,如机械场、声场、化学场、电场、磁场等,也指人与物质之间的相互作用,如嗅觉、视觉、情感(管理行业)等。场不同于"行动"和"作用",行动和作用是两个物质之间相互作用的描述,而场的含义是两种物质相互作用有关的能量。物场模型主要是对物质间的功能与相互作用进行分析,对物场模型的描述如下:

(1)所有系统的功能都可分解为三个基本元素:两个物质和一个场;

(2)一个存在的功能必定由以上三个基本元素构成;

(3)三个基本元素缺一不可,并以合适的方式进行组合,达到实现某种有效功能的目的。

物场模型能够准确描绘出系统中各组件存在的功能关系,并由此发现系统存在的不足,提出改善方案,极大地提高了技术改进的效率。相比于技术矛盾、物理矛盾等 TRIZ 工具,物场模型聚焦于解决更高层次的技术难题,是技术升级强有力的助手。此外,通过物场模型进行分析进而明确问题的概念模型,能够使令人困惑或不相关的细节(如矛盾矩阵中参数的识别)的影响忽略不计,从而快速且精确地构建与问题相对应的物场模型。

图 5-1 展示了物场模型解决问题的基本思路与流程。通常采用 TRIZ 方法和试错法进行求解。当采用 TRIZ 方法——物场模型时,首先需要将具体问题进行划分归类,确定其所属的一般问题的类别,之后采用物场模型对一般问题——进行求解,得到 76 种标准解中与其相对应的解,即通用解。然而,通用解通常过于笼统和抽象,因此在此基础上还需要将其与专业知识结合,得出问题的具体解,最后对得到的基于具体解的各个方案进行评估,进而确定最佳的解决方案。

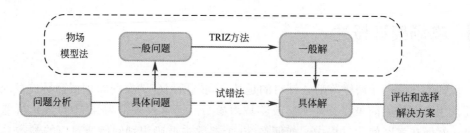

图 5-1 使用物场模型解决问题流程

两种物质和一个场构成一个简单的系统,而多个简单系统进而组成一个复杂的问题系统。两个物质分别是指作用物质和受作用的物质,而场则是指物质之间的作用。在物场模型中,物质是指具有质量的对象,如材料、工具、零件、人、环境等。物场模型中的场区别于物理学中的场,它表示的是物质间的相互作用,包括磁场、电场、热场、声场、机械场、化学场等。一种物质作用于另一种物质,以提供一种功能(有益或有害),以三角形模型来表征功能,以不同类型直线表示问题,以精确表明对系统理想度的影响。一旦问题类型被识别出来，就可以找到相关的标准解决方案，并通过改变、移除或添加物质或场对模型进行修正。物场模型使得工程师们可以精确分析模型的引入对系统理想度的影响，从而正确地掌握功能、解决问题并提高系统理想度。

物场模型用于识别和解决创新问题，并帮助工程师针对问题建立模型，通过识别物质1、物质2、场 F 以及它们之间的相互作用（物质2通过场 F 作用于物质1），进而构造出"物—场"三角形，这是最简单的技术系统模型。当面对的问题更为复杂时，可以通过将更多的三角形连接至一个节点，进而构造更为复杂的技术系统模型。通过对技术模型结构的编译，可以获得详细的关于系统内部的信息。在如图 5-2（a）所示的典型物场模型示意图中，物质1和物质2分别表示受作用物质和作用物质，场则表示它们之间的作用。图中的箭头表示的是物质2对物质1产生作用。图 5-2（b）为物场中的相互作用关系示意图，通常用不同的线型表示不同的作用效果。物质之间无作用时采用直线表示；若作用达到预期效果时，用直线和箭头表示；一个完整的物场模型有三条直线：虚线表示作用效果不足、波浪线表示有害作用效果、箭头表示方向。

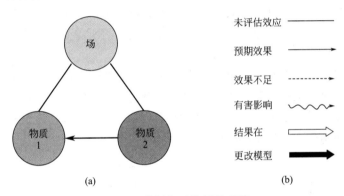

图 5-2　物场相互作用关系图

（a）物场模型示意图；（b）物场中的相互作用关系示意图

以加氯消毒为例，用物场模型描述该系统中的次氯酸钠药剂、原水中的病原微生物以及它们之间的作用关系，如图 5-3 所示。

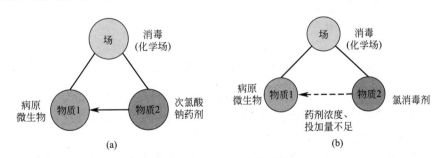

图 5-3　不同类型物场模型

（a）加氯消毒的物场模型（有效完整）；（b）加氯消毒的物场模型（作用不足）

首先，在定义问题时需找出关键的两个物质，即作用物质和被作用物质。本例中作用物质是次氯酸钠药剂，被作用物质是病原微生物。在此基础上，对次氯酸钠药剂和病原微生物之间的作用关系进行分析，这种作用关系即为场，本例中化学作用即为化学场。

5.1.2 物场模型的分类

物场模型可分为 4 种基本类型：有效的完整系统、不完整系统、无效或不充分的完整系统和有害的完整系统。

（1）有效的完整系统：如果系统中实现功能所需的 3 个元素都存在且有效，并且其效应强度能够很好地满足功能的要求，那么该系统即为满足设计者需求的系统。

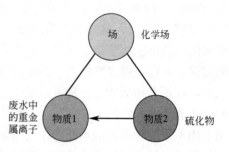

图 5-4　完整系统的物场模型示意图

在去除废水中的重金属物质时，采用的硫化物沉淀法就属于完整系统的物场模型（图 5-4）。即向重金属废水中投加硫化钠等硫化物，在适宜的化学场作用下，重金属离子与硫离子生成沉淀物质，实现了重金属物质的去除。

（2）不完整系统：组成功能的元素不全，可能缺少场，也可能是缺少物质。解决这类问题系统的办法是将其补充完整，通常通过选择实现目的所需要的场将其从不完整系统转换为有效的完整物场模型。

当去除重金属废水中的砷时，该系统中仅存在呈酸性的含砷废水一种作用物质，缺少其他作用物质和相对应的场，属于不完整的物场模型系统（图 5-5）。因此向含砷废水系统中添加石灰等碱性物质调节 pH，生成沉淀物质，即通过增加碱性物质和化学场使其形成完整的系统，从而达到去除废水中砷的目的。

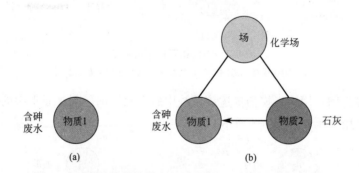

图 5-5　不完整系统转化为完整系统的物场模型系统示意图
(a) 去除废水中的砷的物场模型（不完整）；(b) 去除废水中的砷的物场模型（完整）

（3）无效或不充分的完整系统：三个功能元素齐全，但未达到设计者追求的预期效果。通常通过改善物场模型的性能、引入外部介质、改变所采用的场或引入若干个附加场等来解决此类问题系统。

例如：当采用石灰法去除废水中的砷时，采用向废水中投加石灰的方法容易导致石灰与废水反应不彻底，导致废水的 pH 无法达到处理要求，属于不充分的完整系统（图 5-6）。此时便可通过添加搅拌设备，形成机械场，增强石灰与废水的混合，实现砷的去除。

（4）有害的完整系统：问题系统的三个功能元素齐全，但产生了与需求相悖或有害的效应。对于此类问题系统，一般使用引入物质或场来割断或消除有害作用的影响。

例如：对于含砷废水的去除，当在同一池体（图 5-7）内进行搅拌和沉淀时，搅拌会

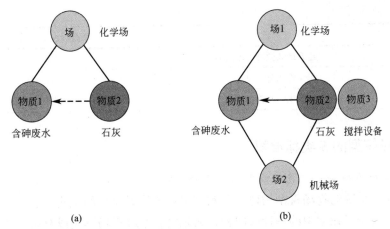

图 5-6　不充分的完整系统转化为充分的完整系统的物场模型示意图

（a）去除废水中的砷的物场模型（不充分）；（b）去除废水中的砷的物场模型（充分）

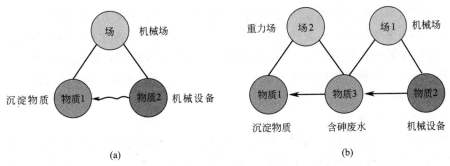

图 5-7　有害的完整系统转化为完整系统的物场模型示意图

（a）去除废水中的砷的物场模型（有害的完整系统）；（b）去除废水中的砷的物场模型（完整系统）

影响固液分离的效果，属于有害的完整系统。因此通过将搅拌和沉淀单元分离开来，实现砷的有效去除。

5.2　物场模型的标准解法

物场模型有利于工程师们明确问题的本质，并指引着他们确定标准解决方案，这些标准解决方案将指导工程师们解决问题，在确定问题类型后，物场模型会提供 76 个标准解决方案，并明确指出适合解决问题的标准解决方案，为此工程师们需要理解 76 个标准解决方案的分类。76 个标准解决方案根据其解决的典型工程问题的类型，被划分为 5 个等级和不同的子等级，具体见表 5-1。

物场模型的标准解法的 5 种类型　　　　　　　　　　　　　　　　表 5-1

类别	名称	所含标准解法数量
第 1 类	物场模型的构建和拆解	13
第 2 类	物场模型的改进	23

类别	名称	所含标准解法数量
第 3 类	向超系统和微观系统过渡	6
第 4 类	检测与测量	17
第 5 类	简化与改善策略	17

5.2.1 物场模型的 5 类标准解

1. 第 1 类标准解法——物场模型的构建和拆解

涉及不完整系统的物场模型构建或无效完整系统物场模型的优化。通常,不完整系统指物场模型中缺少三元素中的一种或两种;无效完整系统指场不足或有害。第 1 类标准解法可分为两种:

(1) 构建物场模型

当需要改进系统的物场模型不完整时,可通过引入物质或场,构建成完整的物场模型,所对应的标准解法主要有 8 种情况(详见附录 4 中 1-1)。如水中的胶体物质自然聚集效果差,系统中缺少作用物质,加入混凝剂构建完整物场模型,强化胶体物质的凝聚作用。另外,活性污泥系统生化池中的泥水混合在一起,无法分离,可以后置一个沉淀池,提供固液分离条件。

(2) 拆解物场模型

此子类标准解法针对有害的物场模型,通过引入新的物质或改变旧的物质的方法以消除有害作用,所对应的标准解法主要有 5 种情况(详见附录 4 中 1-2)。如输送污水时,在管道的外侧加入沥青涂料,从而达到防腐的效果,有效地避免了原系统中的有害效应。

2. 第 2 类标准解法——物场模型的改进

主要针对效应不足的物场模型,即将原系统的物质和场进行替换或在原系统中引入新的物质和场,使系统处理效率得以提高。包括以下 4 种情形:

(1) 转换到复杂的物场模型

此类标准解的思路是由单一物场模型向复杂物场模型的进化。通过多个物场模型共同作用的方式对问题系统改进,主要包含 2 个子类的标准解(详见附录 4 中 2-1)。水处理中通过多级格栅去除水中较大的固体悬浮物便是这种方法的应用。

(2) 加强物场模型

通过更换或改变系统物场模型中的场或物质,加强系统间的作用,达到预期的效果,主要包含 6 个子类的标准解(详见附录 4 中 2-2)。水处理中常常通过改变药剂的类型优化混凝沉淀过程,采用的就是这种方法。

(3) 通过匹配频率加强物场模型

通过系统中不同物质之间相同的频率寻求解决问题的方法,主要包含 3 个子类的标准解(详见附录 4 中 2-3)。如水处理中,利用水垢和金属材料对高频振荡波感应的频率不同的特点,从而有效地去除管道中的水垢。

(4) 铁场模型

铁磁材料和磁场的结合是改进系统性能的有效途径,主要包含 12 个子类的标准解

（详见附录 4 中 2-4）。通常在问题系统中加入铁磁物质或是使用磁场等改进系统，达到预想的目的。如磁混凝中，通过投加铁粉以提高沉淀效果。

3. 第 3 类标准解法——向超系统和微观系统过渡

为增加系统的功能和提高处理效率，将几个相同的或不同的系统集合为一个系统，即组合两个或多个不同的物质，建立双物质或多物质的物场模型，以此增强系统的功能和处理效率，包括以下两种情形：

（1）向双系统和多系统转化

由单系统向多系统的进化能够增加系统的功能，进一步加强系统间的作用，主要包含 5 个子类的标准解（详见附录 4 中 3-1）。如在用水泵进行长距离输送水时，可采用多级叶轮加速的方式，提高输送效率。

（2）向微观系统转化

当宏观的系统难以找到解决方法时，通常可将系统向更小层级转化，尝试在微观的系统中找到解决的办法，主要包含 1 个子类的标准解（详见附录 4 中 3-2）。如污水生物脱氮处理往往需要曝气（好氧）和搅拌（缺氧）交替的环境，但难以在同一池体中实现，此时可以采用将反应池分成几个区，如氧化沟中污水在转盘曝气处溶解氧高，而随着与曝气处的距离的增大溶解氧降低，从而实现好氧/缺氧交替；另一种办法是控制溶解氧的浓度，使絮体外围为好氧、内部为缺氧，实现同步硝化反硝化。

4. 第 4 类标准解法——检测与测量

检测是典型的控制环节，检测与测量的内容包括测量的对象、被测值表现出物质的特性或状态、测量单位、选用单位校准的测量工具、测量方法、接收测量结果的观察器或记录器、最后测量结果等内容。可分为以下 5 种情形：

（1）间接法

间接检测的方法通常通过引入新的物质或是替代系统的原本测量内容，主要包含 3 个子类的标准解（详见附录 4 中 4-1），如在 SBR 控制中采用 pH 曲线的氨谷（硝酸盐拐点）表征氨氮硝化过程，控制曝气的时间。

（2）建立测量的物场模型

当不完整的测量物场模型难以检测时，就需要引入新场、新的物质或利用系统环境，建立完善的物场模型，主要包含 4 个子类的标准解（详见附录 4 中 4-2）。如涡街流量计就是利用流体在管道中经过三角柱的旋涡发生体后上下交替产生正比于流速的两列旋涡，通过测量释放频率测定流速，进而获知流量。

（3）加强测量的物场模型

当测量的物场模型作用不足时，可以利用物理效应、物体间共振的方法加强系统间的作用，主要包含 3 个子类的标准解（详见附录 4 中 4-3）。

（4）使用额外的物质和场帮助测量

当测量系统无法直观显示测量的结果时，可以引入合适的检测物质辅助测量，主要包含 5 个子类的标准解（详见附录 4 中 4-4）。如当确定水样的酸碱度时，可以添加酚酞试剂，根据水样颜色的变化确定水样 pH 的范围。

（5）测量系统的进化方向

测量方法的进化会使得测量的准确度提高，测量系统会向多系统发展，提供更为准确的测量结果，主要包含 2 个子类的标准解（详见附录 4 中 4-5）。如溶解氧的测量，利用极谱法测定溶解氧，主要是在一定温度下，阴阳电极电流的值与溶解氧的浓度成正比，氧气在阴极上被还原产生电流，通过测量电流值就可知道溶解氧的含量，如图 5-8（a）所示。此外，荧光光谱法测定溶解氧更为简单便捷，基于荧光淬灭的原理，在溶解氧传感器前端覆盖有荧光物质，荧光物质被光源发出的蓝光照射时，荧光物质就会激发并发出红光，利用红光持续时间和溶解氧含量之间反比的关系，就能获知水中的溶解氧的含量，如图 5-8（b）所示；以上多系统对溶解氧的测量，会获得更加准确的结果[1]。

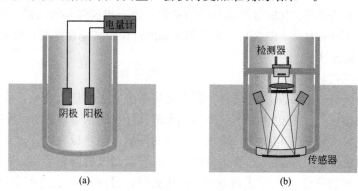

图 5-8 不同方法测量溶解氧
（a）极谱法测定溶解氧；（b）荧光法测定溶解氧

5. 第 5 类标准解法——简化与改善策略

专注于对系统的简化，即在利用其他四类标准解法得出解决方案后，考虑如何使得系统不会增加任何新东西（或即使在引入新的物质或新的场）的情况下，不使系统复杂化。可分为以下 5 种情形：

（1）引入物质

在不能引入新物质的前提下，通过在系统环境引入"新的物质"，主要包含 4 个子类的标准解（详见附录 4 中 5-1）。如污水处理中 A/O 工艺中，前端缺氧池利用二沉池中的部分污泥进行回流，在此过程中及时补充微生物，保证处理效果。

（2）引入场

在不能引入新物质的前提下，通过利用系统环境或原有物质、场的性质引入"新的场"，得到更灵活、有效的应用标准解法，主要包含 3 个子类的标准解（详见附录 4 中 5-2）。如污水处理中，普通沉淀池泥水固液分离的效率低，可以改进。

（3）相变

通过改变物质状态或利用相变的现象来改善系统的功能，主要包含 5 个子类的标准解（详见附录 4 中 5-3）。如污水处理中，好氧条件下，通过氨化细菌将原水中的溶解态含氮有机物转化为氨氮，再通过硝化细菌的作用转化为硝酸盐或亚硝酸盐，最终在缺氧条件下，通过反硝化细菌的作用转化为氮气，达到脱氮的效果。

（4）应用物理效应

在系统中利用物理效应的方法，实现物质对环境的适应或是增强系统的作用效果，主要包含 2 个子类的标准解（详见附录 4 中 5-4）。生物活性炭过滤工艺就是充分利用活性炭的吸附与截留的能力，将吸附与生物再生合为一体，大大简化了工艺流程和活性炭的再生处理。

（5）产生较高或较低形式的物质

在物质层面上，通过更低结构的物质之间的结合获得高结构物质或是由高结构物质分解产生更低结构的物质，从而找到改进系统的方法，主要包含 3 个子类的标准解（详见附录 4 中 5-5）。如污水处理中，处理难生物降解的物质，使用臭氧高级氧化技术，打破有机物不饱和结构中的双键结合，将大分子物质转化为小分子物质，提高其可生化降解性，达到去除的目的。

5.2.2　标准解法的使用步骤

对物场模型与标准解法进行分类有利于建立更高效的寻找标准解法的技术路线。应用标准解法解决问题时，首先要明确问题的类型，根据问题中关键信息构建对应的物场模型，再将 76 个标准解作为使用工具，找到问题系统相对应的标准解法类型，根据标准解结合专业知识找出实际问题的解决方案，具体应用步骤如图 5-9 所示。

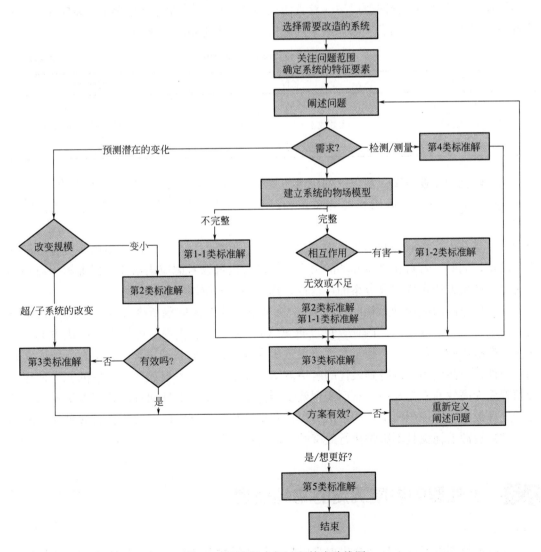

图 5-9　标准解求解过程技术路线图

标准解法的详细使用步骤如下：

（1）选择需要改善的系统，简要描述系统中的关键问题，确定系统中的物质、场及相互作用，包括与环境的相互作用。

（2）判断问题的所属类型；若是检测或测量问题，则应用第 4 类的标准解；若是对系统的改进问题，则建立相对应的物场模型；若是对系统变化的预测，则选用第 2 类和第 3 类标准解。

（3）分析物场模型：根据物场模型分类的概念，识别不同的问题系统子类型。对应前文内容，有问题的系统包括第 2 类不完整系统、第 3 类无效或不充分的系统及第 4 类有害的完整系统。将各物场模型与阿奇舒勒所发明的标准解相对应，并确定与物场模型相对应的标准解。如图 5-9 所示，若所建物场模型是第 2 类问题模型（不完整系统），在附录 4 中选择第 1-1 类标准解即构建完整的物场模型；若为第 3 类问题模型（无效或不充分的完整系统），在附录 4 中选择第 1-1 类和第 2 类标准解的解决方案即加强系统间的作用，以达到预期的效果；若为第 4 类问题模型（有害的完整系统），则在附录 4 中第 1-2 类标准解中寻找解决方案即消除系统间有害的作用。问题模型对应的标准解方案见表 5-2。

问题模型对应的标准解方案 表 5-2

问题系统类型	名称	对应的标准解
第 2 类问题模型	不完整系统	第 1-1 类标准解
第 3 类问题模型	无效或不充分的完整系统	第 1-1 类和第 2 类标准解
第 4 类问题模型	有害的完整系统	第 1-2 类标准解

（4）转化为专业方案。从建议的标准解类别中选择合适的标准解，并结合专业知识，找出具体的解决方案。运用相关的知识和经验，将概念性解决方案转化为实用性解决方案。

（5）当获得标准解法并初步得出解决方案后，检查模型是否可以应用第 5 类标准解来进行简化；同时，若对新物质和场的引入有限制时也可以考虑应用第 5 类标准解。再利用理想度的评价方法评价解决方案的可行性，选出最佳的解决方案。

与矛盾矩阵的应用理念相同，将 76 个标准解作为解决问题所推荐的标准解是最常见的，但不一定是最合适的。因此，可以重复（4）和（5），找到尽可能多的解决方案。在应用标准解法的过程中，必须紧紧围绕系统所存在问题的最终理想解，并结合系统的实际约束条件，灵活应用，以得到最优的解决方案。关于理想的发展趋势，竞争的压力使得系统朝着更为高效的方向发展，从而实现效率最优化，即不需要任何资源就能够提升系统功能和处理效率。从理想所定义的系统可以推断出系统的发展方向：（1）具有多种功能的系统；（2）资源消耗少且不影响执行效率的多功能系统[2]。

5.3 水处理中混凝沉淀的物场模型

在污水处理中不可避免地会出现难以沉淀的悬浮物及杂质。对于胶体物质（颗粒尺寸介于 10～100nm 的颗粒）的去除通常采用混凝沉淀的方法，本节将以水处理中的混凝沉淀过程为例，应用物场模型和 76 个标准解对实际应用中遇到的技术问题进行分析。

混凝整个过程主要分为混合和絮凝两个阶段。混合指的是胶体及悬浮物脱稳的过程；絮凝指的是脱稳后的胶体及悬浮物聚集的过程。在混合阶段，其作用是将药剂快速、均匀地分散在水中，水解后与水中的胶体物质及悬浮物质形成细小的絮体。絮凝阶段是促进细小颗粒有效碰撞逐渐增长成大颗粒，在重力沉降作用下实现固液分离[3]。如图 5-10 所示，混凝沉淀的工艺流程主要由预处理、混合、反应及沉淀 4 个基本单元组成。

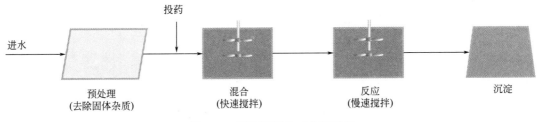

图 5-10　混凝沉淀的工艺流程图

5.3.1　混合阶段的物场模型应用

传统水处理中，混凝处理是必不可少的过程，混凝技术在水处理中的应用最早可追溯于 19 世纪初，通过向原水中投加硫酸铝达到良好的净水效果。但随着人们对水质的要求更加严格，直接向原水中投加混合药剂的传统处理方式，常出现药剂和水反应不充分等问题，导致难以达到预期的处理效果。在此基础上，应用物场模型（图 5-11）和标准解（表 5-3）的方法解决此问题。

（1）分析问题：传统的水处理中，直接向原水中投加混凝药剂，混合效果差，作用效果不足。该问题系统中包含的主要物质有水中胶体物质、药剂，它们之间的相互作用属于化学场。

（2）该问题属于对系统的改进问题，需要建立相应的物场模型。

（3）图 5-11（a）为问题系统的物场模型图，由图可知药剂与胶体物质之间的作用不充分，未达到预期的处理结果，因此该问题属于第 3 类问题模型（无效或不充分的完整系统），按照标准解的使用步骤，结合表 5-2 中在第 1-1 类、第 2 类标准解中寻找合适的解决方案。

（4）在附录 4 中选择 2-1-2 多物场模型，引入新的场以促进物质间的作用，提高处理效率。

图 5-11（b）通过引入流体场的方法借助系统中水流自身的作用达到混合的目的，加强对胶体物质的作用效果。因此结合流体场，通过在管道之间设置多级正反旋转的管道混合器，实现多次分割和旋转，即管道混合器利用水的往复流动达到混合的目的。

利用流体场的混合作用，可以使药剂与胶体物质充分作用，有效地解决了传统混合处理中药剂与处理水混合不均导致的处理效果低的问题。但使用管道混合的方式也还存在着一些局限性，该方法适合用于水量变化小的水厂，因为局部过流阻力大会带来较大的能量损失。

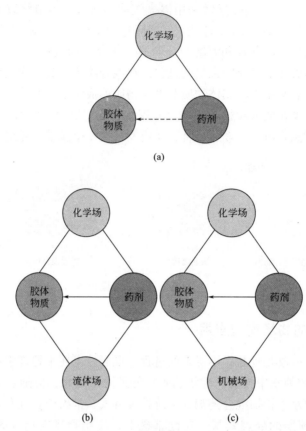

图 5-11　问题物场模型图示

(a) 问题系统的物场模型图；(b) 改善后系统的物场模型图（引入流体场）；

(c) 改善后系统的物场模型图（引入机械场）

物场模型标准解的步骤表　　　　　　　　　　　　　　　表 5-3

描述问题	建立模型	定义问题类型	选择标准解	得出方案
主要解决水与药剂的结合反应的问题，保证絮体形成	物质 1 为胶体物质，物质 2 为药剂，场为化学场	第 3 类问题，即无效或不充分的完整系统	选择第 2 类标准解：2-1-2 多物场模型，引入新的场促进物质间的作用	解决方案 1：增加机械搅拌设备，引入机械场，利用机械场的作用使得药剂快速分散在水中。解决方案 2：引入流体场，通过水流的搅动进一步有效与药剂结合

　　此外，可以考虑引入流体场之外的场，如图 5-11（c），结合专业背景，可以使用机械场替代流体场，即引入机械设备，使用电机驱动螺旋桨或桨板进行剧烈混合，可以使得药剂与胶体物质充分作用，从而达到良好的混合效果。

　　机械混合的方式设备简单，操作方便，应用也更为广泛。目前大多数水厂采用机械混合的工艺，但该方法存在能耗大、费用较高的问题，根据理想解理论，寻求更高效的降低能耗和成本的方法成为该技术未来发展的方向。

（5）根据现场的实际情况，如综合考虑成本、获得利益及危害等问题，利用理想度的评价方法评价解决方案的可行性，筛选出最佳的解决方案。目前，基于成本和获利等问题，采用基于新兴材料的混凝剂或是采用多种混合的方式来提高混凝效果是发展的重点和方向。

5.3.2 絮凝反应阶段中的物场模型应用

经过混合阶段脱稳后的胶体颗粒已初步凝聚，颗粒尺寸可达 $5\mu m$ 以上，而絮凝反应的目的就是要使细小颗粒之间发生有效碰撞，从而逐渐形成大颗粒，实现固液分离。传统的絮凝反应过程，主要通过投加絮凝药剂加强胶体颗粒之间的凝聚作用，由于胶体颗粒之间的碰撞不充分从而难以有效聚集成大的颗粒，因此往往会出现凝聚效果较差的现象，对天然有机物的去除效果不理想。

（1）分析问题：传统的絮凝过程中，添加絮凝药剂往往难以实现胶体之间的充分碰撞，导致凝聚效果不理想，但同时又要避免过分碰撞导致破坏已形成的絮体。该问题系统中包含的主要物质有水中细小颗粒、水，它们之间的场属于流体场。

（2）该问题属于对系统的改进问题，需要建立相应的物场模型。

（3）物场模型如图 5-12（a）所示，水对细小微粒作用效果不足，无法保证大颗粒的形成，因此该问题为第 3 类问题模型（无效或不充分的完整系统），按照标准解的使用步骤，如表 5-2 所示在附录 4 中选择第 2 类标准解和第 1-1 类标准解的解决方案。

（4）在附录 4 中选择 1-1-3 外部合成物场模型，可以在作用物质或被作用物质外部添加一个附加物质，加强场的作用。或在附录中选择 2-1-2 多物场模型，引入新的场促进物质间的作用。

首先，根据上述查找的物场模型方法，针对水与细小微粒作用不充分的问题，通过添加附加物质加强胶体颗粒之间的凝聚作用。因此，如图 5-12（b）所示，结合专业背景添加有助于胶体凝聚的物质——助凝剂（如 PAM，聚丙烯酰胺），在絮体间起到吸附架桥的作用，对胶体颗粒表面具有强烈的吸附作用，在胶体颗粒之间形成桥联作用（表 5-4）。

通过添加助凝剂附加物质的方法可以进一步有效增加絮凝效果，但随着投药量的增加，水处理成本就随之增加，且增加的凝聚效果也是有限的。结合理想度可知，可以在一定空间内，增加物质，进一步增加流体场的作用，延长其作用时间，从而提升胶体颗粒之间的有效碰撞，增强凝聚效果；如在絮凝池中，增加隔板、折板或网格等附加物质。图 5-12（c）为改善后的物场模型图，增加的隔板、折板等会对水流产生阻力，增加颗粒间的碰撞概率，有效缩短絮凝时间。

此外，根据多物场模型的作用原理，可以考虑增加其他场加强作用效果，可增加机械搅拌的设备，通过机械搅拌增加胶体颗粒之间的有效碰撞，增强凝聚的效果，但该方法仍存在能耗较大的问题，根据前面提到的系统发展的趋势，将在该方法的基础上不断寻找更有效的实现节能降耗的方案。

（5）根据现场的实际情况，如综合考虑成本、获得利益及危害等，利用理想度的评价方法分析解决方案的可行性，确定最佳的解决方案。目前，关于絮凝的研究主要聚焦于通过微生物絮凝剂以及多级絮凝反应装置来实现更为高效的絮凝反应。

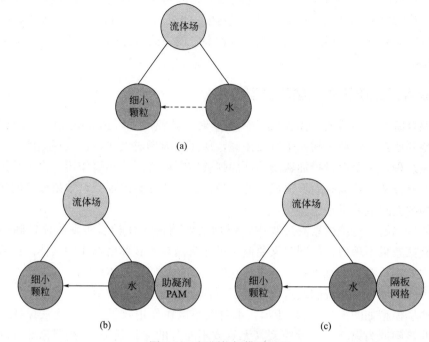

图 5-12　问题物场模型图示

（a）问题系统的物场模型图；（b）改善后系统的物场模型图（助凝剂）；（c）改善后系统的物场模型图（隔板网格）

物场模型标准解的步骤表　　　　　　　　　　　　　　　　　　　　　表 5-4

描述问题	建立模型	定义问题类型	选择标准解	得出方案
该问题系统主要是保证颗粒间的有效碰撞，解决小颗粒聚集成大颗粒的问题	物质 1 为细小颗粒，物质 2 为水，场为流体场	第 3 类问题，即无效或不充分的完整系统	选择 1-1-3 外部合成物场模型；选择 2-1-2 多物场模型	解决方案 1：在絮凝池中增加隔板、折板或网格等附加物质，增加颗粒间的碰撞概率，有效缩短凝时间，达到絮凝的目的。解决方案 2：在系统中添加助凝剂，在絮体间起到吸附架桥的作用，保证絮凝效果

5.3.3　沉淀中的物场模型应用

沉淀单元是指原水经加药、混合、反应后，进入沉淀池完成固液分离，从而去除水中的颗粒杂质。常规的沉淀工艺中，絮体污泥较水的相对密度大，采用固液分离的方法能够有效去除水中的杂质。但传统工艺中采用的平流沉淀池是通过重力作用实现泥水分离，存在沉淀池占地面积大、固液分离时间长、效率低的问题。

（1）分析问题：该问题主要是要提高系统固液分离的效率。该问题系统中包含的主要物质有水中颗粒、水，它们之间的场属于重力场。

（2）该问题属于对系统的改进问题，需要建立相应的物场模型。

（3）问题系统中颗粒杂质在重力场作用下去除效果不足，因此该问题为第 3 类问题模型（无效或不充分的完整系统），按照标准解的使用步骤（图 5-9），结合表 5-2 在附录中选择第 2 类标准解和第 1-1 类标准解的解决方案。

（4）在附录 4 中选择 1-1-3 外部合成物场模型，可以在作用物质或被作用物质外部添加一个附加物质，加强场的作用，实现固液的有效分离，如图 5-13（b）所示。

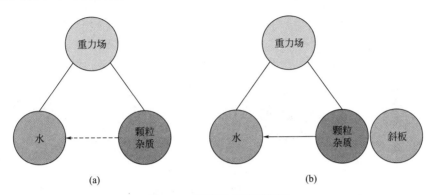

图 5-13　问题物场模型图示
（a）问题系统的物场模型图；（b）改善后系统的物场模型图

固液分离效果差，重力场作用效果不足，结合物场模型添加附加物质的方法，可以增设斜板，加强重力场的作用，在斜板沉淀池中，水流可自下而上或自上而下流动，颗粒则沉于底部，而后自动滑入集泥槽。斜板沉淀池利用"浅池理论"，使得沉淀池的水力半径减小，雷诺数降低，从而满足了水流稳定性和层流的要求，有效提高了处理效率（表 5-5）。

物场模型标准解的步骤表　　　　　　　　　　　　　表 5-5

描述问题	建立模型	定义问题类型	选择标准解	得出方案
该问题主要是要提高系统固液分离的效率	物质 1 为水，物质 2 为颗粒杂质，场为重力场	第 3 类问题，即无效或不充分的完整系统	选择第 1-1 类标准解：1-1-3 外部合成物场模型；第 2 类标准解：2-1-2 多物场模型	解决方案 1：平流沉淀池利用重力场的作用，达到颗粒与水分离的目的。解决方案 2：斜板沉淀池通过引入流体场，有效地提高固液分离的效率

（5）根据现场的实际情况，如综合考虑成本、获得利益及危害等，利用理想度的评价方法分析解决方案的可行性，确定最佳的解决方案。目前，提高沉淀速率的发展趋势主要集中在利用高密度沉淀池将混合、絮凝及沉淀过程融为一体以实现高效沉降。

5.3.4　高密度沉淀池工艺中的物场模型应用

通过采用物场模型对混凝沉淀中的技术工艺进行分析，发现大多数水厂将混合、絮凝及沉淀分成多个构筑单元完成，能够实现一定的处理效果，但存在占地面积大、处理效率低、能耗高的问题。结合理想度发展方向，可以从混凝沉淀系统整体方面出发，思考如何进一步提高混凝沉淀的效率。

（1）问题描述：传统污水处理中，混凝沉淀的工艺流程通过多个分离开的构筑物之间的有序作用，实现对污水中有机污染物的去除。能否进一步提高混凝沉淀系统的处理效率呢？

（2）根据问题的描述，该问题属于对系统的改进的问题，需要建立相应的物场模型，如图 5-14 所示。

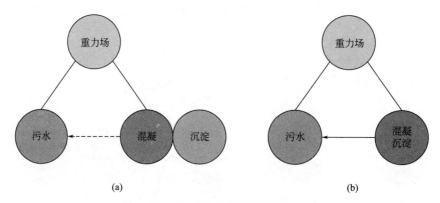

图 5-14　问题物场模型图示

（a）问题系统的物场模型图；（b）改善后系统的物场模型图

（3）问题系统中需要进一步提高混凝沉淀对水中有机污染物的去除效率，因此该问题属于第 3 类问题模型（无效或不充分的完整系统），按照标准解的使用步骤，可以采用第 1-1 类、第 2 类标准解，结合图 5-9 可知，该问题可以在超系统或子系统上寻找解决方案，在附录 4 中第 3 类标准解中寻找合适的解决方案。

（4）在附录 4 中选择 3-1-4 系统简化，将多个组件集合到一个组件中，仍能实现所有的功能。

针对占地面积大的问题，结合物场模型中多个组件合成的思想，将混凝、絮凝及沉淀的工艺浓缩于一体，结构紧凑，能够提高处理效率，实现高效混凝沉淀（表 5-6）。如苏伊士公司设计的将混凝、絮凝和污泥沉淀浓缩于一体的高密度沉淀池，已成功应用于雨水、城市污水、给水等领域。

物场模型标准解的步骤表　　　　表 5-6

描述问题	建立模型	定义问题类型	选择标准解	得出方案
该问题系统主要进一步实现对混凝沉淀系统工艺处理效率的提高	物质 1 为水中的悬浮固体，物质 2 为混凝、沉淀等工艺，场为机械场、重力场、化学场、流体场等	第 3 类问题，即无效或不充分的完整系统	选择第 3 类标准解；3-1-4 系统简化	解决方案 1：集混合凝聚、絮凝及沉淀分离工艺于一体，结构紧凑，提高处理效率，实现高效混凝沉淀

如图 5-15 所示，Densadeg 高密度沉淀池主要分为混合凝聚反应区、絮凝反应区、沉淀分离区。混合凝聚反应区主要采用机械搅拌和加药的方式，引入了机械场和化学场，保证胶体颗粒的脱稳及混合凝聚的效果。经混凝后的水进入絮凝反应区，在慢速搅拌机工作下与助凝剂发生絮凝反应，使絮体逐渐增大；来自浓缩区的回流污泥进一步增加了颗粒间的碰撞概率，提高了絮凝反应效率。沉淀分离区采用斜板沉淀池工艺，缩短了颗粒沉降的距离，提高了固液分离的效率。污泥由沉淀分离区的泥斗中经污泥泵回流至絮凝反应区，以回流污泥作为附加物质促进絮凝反应的效率，同时节省了絮凝剂用量[4]。高密度沉淀池

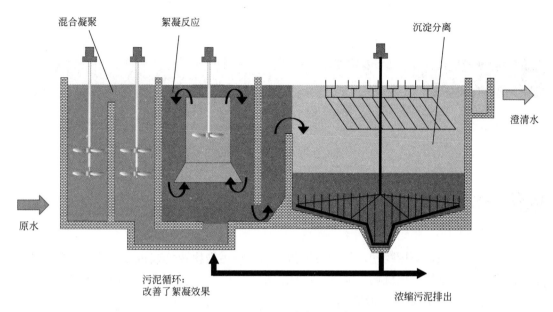

混合凝聚　　　絮凝反应　　　　　　　　沉淀分离

原水

澄清水

污泥循环：
改善了絮凝效果

浓缩污泥排出

图 5-15　Densadeg 高密度沉淀池

的设计进一步提高了混凝沉淀的效率，可用于处理高负荷的原水，且能够节省用地面积和药剂费用。

（5）根据实际的现场的情况，如综合考虑成本、获得利益及危害等，利用理想度的评价方法分析解决方案的可行性，确定最佳的解决方案。目前，针对不同类型的污水采用相应类型的高密度沉淀池并结合特殊工艺强化处理效果。

参考文献

[1] 张涛，刘金巍，蔡五田，等 . 化学探头法与荧光光谱法测定水中溶解氧量 [J]. 中国无机分析化学，2015，5（01）：28-30.

[2] SCHOLLMEYER J，TAMUZS V. Deducing Altshuller's laws of evolution of technical systems [C] //New Opportunities for Innovation Breakthroughs for Developing Countries and Emerging Econo-mies：19th International TRIZ Future Conference，TFC 2019，Marrakesh，Morocco，October 9-11，2019，Proceedings 19. Springer International Publishing，2019：55-69.

[3] 李圭白，张杰 . 水质工程学（上册）[M]. 3 版 . 北京：中国建筑工业出版社，2021.

[4] 王丽娜，王洪波，李莹莹，等 . 高密度沉淀池技术概述 [J]. 环境科学与管理，2011，36：64-66.

第6章 水处理中场的应用

6.1 水处理中的场作用原理及其解决方案

水处理主要是指采用物理、化学与生物等方法将污染物转化或转移，从而实现水中污染物的去除，而磁场、机械场、电场、声场、化学场、光场、重力场及流体场等均是实现污染物去除的有效手段。本章将结合水处理过程中遇到的技术问题，利用物场模型的方法对系统进行分析，并给出问题的解决方案。

6.1.1 水处理中的磁场作用

固液分离是水处理中必不可少的技术手段，泥水分离是将处理后的污水与污泥分离，得到净化后的水。传统污水处理厂中的沉淀池就是利用重力沉降作用，即水流中悬浮颗粒密度大于水的密度而自然下沉，实现泥水分离的目的。但传统的混凝沉淀工艺，往往存在着占地面积大、沉淀时间长以及效率低等问题。因此沉淀工艺中增强泥水分离的效率是亟待解决的问题，可以通过物场模型分析的方法找到解决问题的方案。

1. "固液分离"的模型分析

目前，主要存在的问题是泥水固相—液相分离的效率低下，难以保证在一定的时间内达到理想的分离效果。应用上一章提出的 4 类基本问题模型，该模型属于第 3 类物场模型"无效或不充分的完整系统"。这类问题模型表现为基本元素齐全，但需要的效应未能有效实现，或效应的效果不理想。可以通过引入外部介质、改变所采用的场来解决问题。

2. 标准解决方案

运用标准解的解决步骤来解决上述问题：

（1）描述问题：泥水分离的效率低、作用时间较长，即重力场的作用不足，难以达到预期效果；

（2）建立物场模型：物质 1 为污水，物质 2 为污泥，场为重力场；

（3）定义问题的类型：因为混凝沉淀未能达到预期效果，污泥重力沉降的作用不足，因此该问题为物场模型的第 3 类问题，即无效或不充分的完整系统；

（4）按照标准解的使用步骤，根据场作用不足的问题在第 5 章表 5-2（问题系统对应的标准解方案）查找，对应在附录中第 2 类标准解中寻求解决方案：物场模型的改进，在附录 4 中选择 2-4 铁场模型中的 2-4-1 在物场模型中加入铁磁物质和磁场，如图 6-1 所示。

（5）运用水处理相关知识和经验，工程师可选择在普通的混凝沉淀工艺中同步加入磁

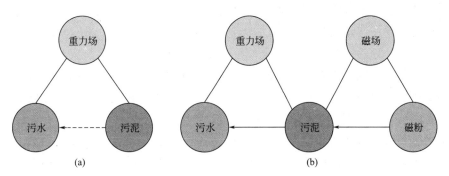

图 6-1　引入磁场的物场模型

(a) 初始的物场模型；(b) 改进后的物场模型

粉，磁粉在液相中充分分散并与混凝絮体有效结合，形成沉淀析出晶核（表 6-1）。图 6-2 为磁混凝沉淀池示意图，由于磁粉的密度大，提升了整体混凝絮体的密度，增强了重力场，使得絮体的沉降速度大幅度提升。同时磁粉可以通过磁鼓回收循环使用，降低运行费用，并可使分离后的污泥不会对后续污泥处理系统造成不利影响[1]。

物场模型标准解的步骤表　　　　　　　　　　　　　　　　　　　表 6-1

描述问题	建立模型	定义问题类型	选择标准解	得出方案
泥水分离效率低、作用时间长	物质 1 为污水，物质 2 为污泥，场为重力场	第 3 类问题，即无效或不充分的完整系统	选择第 2 类标准解：物场模型的改进，选择标准解 2-4 铁场模型——2-4-1 在物场模型中加入铁磁物质和磁场	在普通的混凝沉淀工艺中同步加入磁粉，引入磁场，使之与污染物絮凝结合成一体，以加强混凝、絮凝的效果

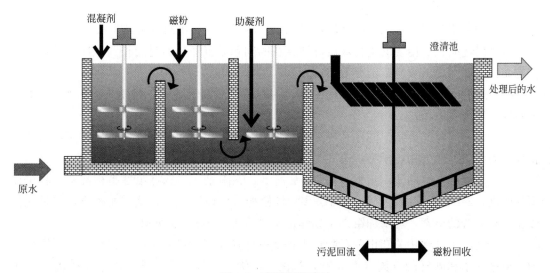

图 6-2　磁混凝沉淀池

　　磁混凝工艺是一种快速沉淀技术，大大缩短了混凝沉淀时间。以磁粉为絮凝核心，在较好的水力条件下形成高浓度、高密度的复合絮体。针对土地资源短缺、水体污染以及水厂基础设施建设、运行成本高等问题，采用磁混凝工艺可以很好地解决这些问题。随着水质要求的提高，单一废水处理技术无法达到预期的效果，将多种水处理技术（如膜处理、催化氧化、生物处理等）与磁分离结合，目前在水处理领域中已进行实践应用，也是今后污水处理技术的重要发展方向[2]。除此之外，水处理中应用磁场作用加强处理的效果，有着广泛的应用。磁选技术可以通过磁场直接作用、磁混凝、磁吸附和磁性催化等手段来去除水中有害物质。磁场直接作用是指利用外加磁场作用，污水中污染物附着在磁性固体表面，磁选后进行去除，从而净化废水。磁混凝是指同时投加磁性介质和絮凝剂，使其与污染物结合，最后在磁场的作用下进行分离和去除。磁性物质的加入提高了颗粒间的碰撞速率，加快了沉降速度。磁吸附是将传统吸附技术和磁分离结合起来，通过选取制备具有良好吸附性能的特定磁介质（如磁铁矿）对水中的污染物进行吸附，然后通过外部磁场快速回收磁性介质，具有吸附性能好、可重复使用等优点[2]。

6.1.2 水处理中的机械场作用

污水处理一般会在系统前端设置沉砂池，用于去除污水中泥砂等粗大颗粒，主要是避免阀门、管道及设备受到磨损和堵塞的情况出现。一般采用的沉砂池，污水在池内沿水平方向流动，与沉淀池的原理相同，无机大颗粒在重力作用下沉降至池底，达到去除的目的。但传统的沉砂池处理效果一般，且占地面积较大，维护管理不方便，一般采用人工除砂的方式。因此，基于处理效率和运行维护的考虑，提高传统除砂系统的效率是需要关注的问题。

1. "砂水分离"的模型分析

传统的沉砂池具有颗粒截留效果好、构造简单等优点，但也存在着依靠重力沉降分离时间长、流速不易控制和占地面积大等缺点。

2. 标准解决方案

该问题属于改进系统功能的问题，可采用物场模型和标准解的方法解决上述问题：

（1）描述问题：传统的重力场沉砂池存在的问题为沉降分离时间长、流速不易控制和占地面积大，需要的效应未能有效实现；

（2）这些问题可归纳为重力作用不足，用物场模型表示如下：物质1为污水，物质2为砂砾，场为重力场；

（3）定义问题的类型：问题系统中依靠重力沉降分离时间长、流速不易控制和占地面积大，因此该问题为物场模型的第3类问题，即无效或不充分的完整系统；

（4）按照标准解的使用步骤，如表5-2所示，在附录4中选择第2类标准解：物场模型的改进，2-1-1链式物场模型，2-1-2多物场模型，可控性差的系统需要改进，但是无法改变已有系统的要素，可增加第二个场作用于物质1，如图6-3所示；

（5）运用水处理相关知识和经验，工程师可选择在沉砂过程中引入机械场，利用离心力，促进污水和砂砾的分离（表6-2），如图6-4所示的旋流沉砂池。由于所受离心力不同，相对密度较大的砂砾被甩向池壁，在重力作用下沉入砂斗，加快沉降速度；而溶解性及难溶性有机物，则在沉砂池中间部分与砂子分离，有机物随出水旋流带出池外。

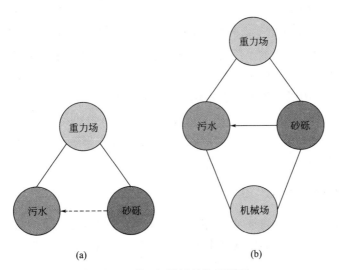

图 6-3 引入机械场的物场模型

（a）初始的物场模型；（b）改进后的物场模型

物场模型标准解的步骤表 表 6-2

描述问题	建立模型	定义问题类型	选择标准解	得出方案
占地面积大、分离时间长、流速不易控制	物质 1 为污水，物质 2 为砂砾，场为重力场	第 3 类问题，即无效或不充分的完整系统	第 2 类标准解：物场模型的改进，2-1-1 链式物场模型，2-1-2 多物场模型	将沉砂池与机械场结合，利用机械力控制水流流态与流速、加速砂砾的沉淀并使有机物随水流带走

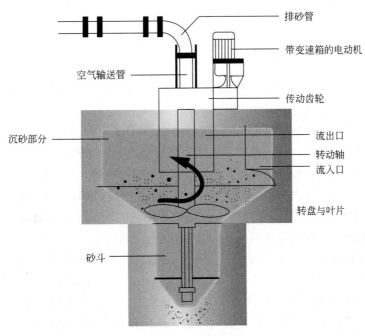

图 6-4 旋流沉砂池

旋流沉砂池是利用机械力控制水流流态与流速、加速砂砾的沉淀并使有机物随水流带走的沉砂装置，具有占地省、除砂效率高、操作环境好、设备运行可靠等优点。除此之外，污泥浓缩池采用离心浓缩，用机械场替代重力场，在机械场作用下加快砂粒沉降，可以通过调节转速达到最佳的处理效果。

二次供水也是应用机械场的典型案例。二次供水是指单位或个人使用储存、加压等措施，将城市公共供水或自建设施供水经过储存、加压后再供给用户的形式。对于高层建筑，给系统施加一个机械场，在系统中安装变频泵，通过变频调速供水，从而达到稳定供水、节省能耗的目的。

6.1.3 水处理中的电场作用

污水处理中，传统的分离技术利用特殊结构的半透膜对污水中的某些成分进行选择性透过，达到净化水处理的目的。这种工艺系统紧凑、占地省、稳定性高，常在污水处理中作为深度处理的一个环节，应用较为广泛。但同时也存在很多的问题，多数膜分离存在选择透过性较差且经常出现膜污染的情况，膜寿命会受到严重的影响。最为重要的是，传统的分离技术应用膜孔尺寸排阻效应进行选择性分离，易产生浓差极化的现象，不仅效率较低还会导致膜的渗透速率持续下降。

1. "离子分离"的模型分析

传统膜分离技术以压力差作为推动力，即利用半透膜的物理筛分作用，即允许小分子和离子透过但是不能透过胶体和大颗粒，从溶液中除掉特定的污染物，选择透过性较差。应用4种基本问题模型，该模型属于第3类物场模型"无效或不充分的完整系统"。这类问题模型表现为基本元素齐全，但需要的效应未能有效实现，或效应实现得不足够——膜处理效率未达到预期效果，可以通过改变场或外加若干附加场来解决问题。

2. 标准解决方案

由上述模型分析，该问题属于改进系统功能的问题，可采用物场模型和标准解的方法解决上述问题：

（1）描述问题：传统的膜分离技术以压力差作为推动力，能耗相对较高，选择性较差，需要的效应未能有效实现；

（2）建立物场模型：物质1为溶液，物质2为离子，场为压力场；

（3）定义问题的类型：问题系统中以压力差为推动力，导致能耗较高且选择性不易控制，因此该问题为物场模型的第3类问题，即无效或不充分的完整系统；

（4）按照标准解的使用步骤，如表5-2所示在附录中选择第2类标准解：物场模型的改进，使用2-2加强物场模型中的2-2-1使用更易控制的场：可用容易控制、能耗较低的场替换控制较差的场，使用电场替代压力场，如图6-5所示；

（5）运用水处理相关知识和经验，采用外加电场的方法代替以压力差为推动力的方法，使处理过程易于控制，利用离子半透膜的选择透过性，溶液中的带电离子定向迁移，通过膜进入不同的隔室，从而实现溶液中离子的分离、浓缩和脱除（表6-3），即电渗析法。电渗析是一种电化学分离过程，阴阳离子交换膜在正负极间交替排列，盐溶液中的阴阳离子在直流电压驱动下分别向正负极移动，遇到离子交换膜或通过或被阻挡，从而实现浓水和淡水的分离。改进后的方法具有选择性好、深度脱盐、耗能低、装置控制灵活等优点。

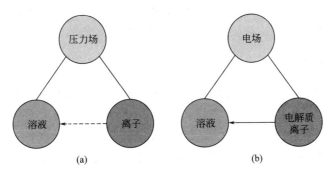

图 6-5　引入电场的物场模型

(a) 初始的物场模型；(b) 改进后的物场模型

物场模型标准解的步骤表　　　　　　　　　　　　　　　表 6-3

描述问题	建立模型	定义问题类型	选择标准解	得出方案
以压力差作为推动力，能耗较高，选择性较差，需要的效应未能有效实现	物质 1 为溶液，物质 2 为离子，场为压力场	第 3 类问题，即无效或不充分的完整系统	选择第 2 类标准解：物场模型的改进，使用 2-2 加强物场模型中的 2-2-1 使用更易控制的场	用外加电场的方法代替以压力差为推动力的方法，使处理过程易于控制，利用离子半透膜的选择透过性进行分离和提纯物质

　　图 6-6 为电渗析的原理示意图，电渗析是利用离子交换膜分离溶液中电解质的电化学水处理技术，电渗析装置主要由电极、阴阳离子交换膜和特制的隔板组成。在电渗析反应器内设置多组交替排列的阴离子交换膜和阳离子交换膜，在外加直流电场作用下，阳离子穿过阳膜向阴极方向运动，阴离子穿过阴膜向阳极方向运动，从而形成了去除水中离子的淡水室和浓缩离子的浓水室，将浓水排放，淡化后的水即为去盐水，从而实现水的净化[3]。

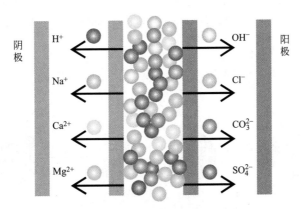

图 6-6　电渗析原理图

　　在污水处理中通过使用电场来改进效果的应用也较为广泛，例如电絮凝、电吸附和电化学氧化等。为加强絮凝作用，将传统絮凝和电场作用相结合，通过电场作用破坏污染物的稳定性，形成较大的絮体，加快沉降，提高污染物的去除速率，即电絮凝技术。通常应用于污水预处理和二级出水处理中去除水中的悬浮颗粒物、有机物和重金属等。又如净化水中的盐类及其他物质时，通过外加电场推动水中带电离子，向其相反电荷电极处迁移，使水中溶解性盐类物质或其他物质在电极的表面被吸附，如活性炭颗粒、石墨烯等。

6.1.4　水处理中的声场应用

在水行业中，管道是运输和处理原水必不可少的工具，给水和排水管道泄漏不仅会造成资源浪费，还会导致巨大的经济损失。传统的管道检漏的方法主要是通过人工目测或是传统的手持听漏棒技术在管道外探测漏水的声音，但因为大多数管道埋藏地下，漏水点难以检测，因此不可避免地导致一些事故的发生。之后采用的流量计会由于流体泄漏而被腐蚀，导致维护管理较为复杂，常常成为行业的困扰问题。

1. 检测与测量的模型分析

传统的管网检漏法，主要是通过检漏人员或居民报告的漏水信息，检测漏水的区域。这种方法属于被动的检漏方法，可作为日常处理漏水报警后的明漏检测，但该检漏方式太过被动，发现时可能已经产生较大的损失，因此不能作为主要的检漏方法。这种问题属于检测与测量类型的问题，测量方法需要做出改变，可以通过第 4 类标准解法获得合适的解决方案。

2. 标准解决方案

该问题属于检测与测量的问题，可采用第 4 类标准解来解决上述问题：

（1）描述问题：传统的检漏技术受人员及环境的影响，导致部分管道未被检测出，检测技术达不到预期效果；

（2）此类问题为检测与测量类型的问题，构建物场模型。

（3）定义问题的类型：问题系统耗费人工且检漏方式太过被动，传统检测方式已经不适应主动式管道检漏的需求，属于检测与测量问题中的作用不足的物场模型，应改变检测的方式与方法。

（4）按照标准解的使用步骤，如图 5-9 所示，在附录 4 中选择第 4 类标准解：检测与测量，选用 4-1 间接法，即引入声场——超声波，主动检测漏水点，如图 6-7 所示。

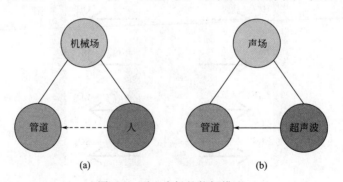

图 6-7　引入声场的物场模型

（a）初始的物场模型；（b）改进后的物场模型

（5）运用水处理相关知识和经验，管道漏水后，漏水冲击周围产生噪声，通过漏水管道、管道周围的介质及管道内自来水传播，运用声波传感发现漏水点（表 6-4）。图 6-8 为超声波用于管道检漏的示意图，声波法通过探测压力管道漏水产生的声音或振动来定位漏点[4]。

物场模型标准解的步骤表　　　　　　　　　　　　　　表 6-4

描述问题	建立模型	定义问题类型	选择标准解	得出方案
传统检漏技术的不充分、被动、复杂,难以及时发现管道漏损	物质 1 为管道,物质 2 为人,场为机械场	检测与测量问题	第 4 类标准解,4-1 间接法	引入声场——超声波,快速及时检测漏水点

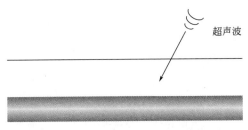

图 6-8　超声波用于管道检漏

　　声场在水处理方面的应用也较为广泛,如为响应国家碳达峰和碳中和的目标,污泥减量化技术也在不断发展和提高。针对此类问题,采用物场模型的方法,通过引入声场——超声波处理,能够破坏菌胶团的三维结构,导致细菌细胞裂解,释放出胞类有机物,被微生物利用,从而加快细胞溶解达到污泥减量的目的[5],并且超声波应用于污泥脱水设备时,有利于污泥脱水和污泥减量。又如采用微波法制备 PAM 絮凝剂,效率高,处理污水的效果也优于传统法合成的絮凝剂[6]。

6.1.5　水处理中的化学场应用

　　水处理过程中对于原水中颗粒杂质的去除常采用物理的方式如沉淀分离,但只能去除水中的较大悬浮物质,对于较小的胶体物质难以分离去除,导致处理后的污水仍存在大量的颗粒态和胶体物质。19 世纪 70 年代,英国科学家提出化学一级强化处理,通过向污水中添加适当的化学药剂,将离散的颗粒物质化学脱稳,并异向絮凝形成较大的颗粒。从最早的投加石灰,到后来的氯化铁和阴离子聚合物,都能有效地提高颗粒的沉降速率和去除效率。然而传统的混凝过程中通过添加石灰、三氯化铁等混凝剂尽管能够促进胶体物质的凝聚,但会将小的和高度带负电的分子引入水中,使得悬浮液中的颗粒和胶体等带电不稳定,导致系统性能不稳定,因此混凝去除胶体物质常常达不到预期效果。

　　1. 化学转化的模型分析

　　传统的水处理过程中常添加石灰、三氯化铁等混凝剂,尽管能够促进胶体物质的去除,但会因为环境条件以及引入的副产物导致混凝去除效果不理想。因此,这种问题属于不充分系统类型,基本元素齐全,但需要的效应未能有效实现,或效应未完全实现,可以通过引入外部介质、改变所采用的场来解决问题。

　　2. 标准解决方案

　　该问题属于改进系统功能,可采用物场模型和标准解的方法解决上述问题:

　　(1)描述问题:传统的混凝沉淀工艺只能去除部分颗粒态和胶体态物质,无法去除溶解态物质,达不到预想的去除效果。

（2）建立物场模型：物质 1 为污染物，物质 2 为混凝剂，场为化学场；

（3）定义问题的类型：常规的一级处理对污水中的污染物去除作用不足，未达到预期的处理效果，因此该问题为物场模型的第 3 类问题，即无效或不充分的完整系统；

（4）按照标准解的使用步骤，如表 5-2 所示，在附录 4 中选择第 1-1 类标准解：构建物场模型，选用 1-1-3 外部合成物场模型，即加强化学场作用，添加 PAM 等助凝剂，增强胶体凝聚去除的效果，如图 6-9 所示。

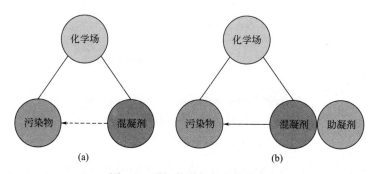

图 6-9　引入化学场的物场模型

（a）初始的物场模型；（b）改进后的物场模型

（5）运用水处理相关知识和经验，通过向污水中添加 PAM 高分子聚合物等助凝剂，如图 6-10 所示，发挥吸附架桥的作用，增大胶体物质间的凝聚作用（表 6-5）。部分溶解态物质可被化学药剂转化为简单的无机物、胶体和颗粒态物质，达到与水分离的目的。

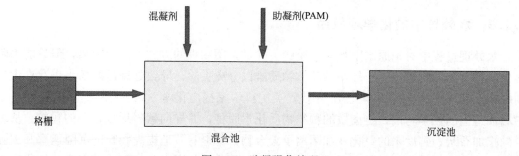

图 6-10　助凝强化处理

物场模型标准解的步骤表　　　　　　　　　　　　　　　　　　　表 6-5

描述问题	建立模型	定义问题类型	选择标准解	得出方案
传统的混凝沉淀工艺只能去除部分颗粒态和胶体态的物质，未达到预想效果	物质 1 为污染物，物质 2 为混凝剂，场为化学场	第 3 类问题，无效或不充分的完整系统	第 1-1 类标准解，1-1-3 外部合成物场模型	加强化学场作用，添加 PAM 等助凝剂，增强胶体凝聚去除的效果

6.1.6　水处理中的光场应用

在传统水处理过程中，原水中不仅存在大量细菌，还常含有病原微生物，因此常在处理的水中加入次氯酸钠等化学药剂用以杀灭处理系统中的病原微生物。但使用化学药剂消毒的同时伴随着不可避免的问题，它会产生刺激性的有害气体，同时产生的消毒副产物具有致癌、致突变的风险，还存在占地面积大、安全性低、产生二次污染等问题。

1. "光场转化"的模型分析

污水处理中，原水中通常存在各类病原体，需要对其进行去除。通常采用加氯消毒处理，但会伴随有害气体和消毒副产物的产生，对环境造成污染的同时也危害人体健康。这类问题为有害系统类型，基本要素齐全，但会产生一定的副作用，可以通过引入新的场替代，消除有害效应。

2. 标准解决方案

该问题属于改进系统功能的问题，可采用物场模型和标准解的方法解决上述问题：

（1）描述问题：加氯消毒无法完全消除病原微生物，还会产生有害的刺激性物质，产生的副产物对人体产生健康风险，且处理后可能会改变原水的性质。

（2）建立物场模型：物质 1 为原水，物质 2 为消毒剂，场为化学场；

（3）定义问题的类型：加氯消毒法对于有些病原微生物消灭不彻底，并且会产生有害的刺激性物质，存在产生副产物的风险，因此该问题为物场模型的第 3 类和第 4 类问题，即无效或不充分的完整系统及有害的完整系统；

（4）按照标准解的使用步骤，如表 5-2 所示在附录 4 中选择第 1-1 类、第 1-2 类和第 2 类标准解：物场模型的改进，选用 2-2-1 使用更易控制的场模型标准解，即用光场替代化学场，使紫外光作用于微生物，有效地杀死微生物，且不会产生有害物质，有效减少污水中病原微生物的数量，如图 6-11 所示。

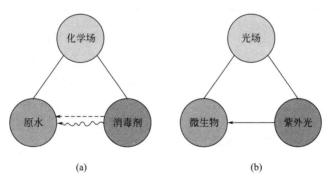

图 6-11　引入光场的物场模型

（a）初始的物场模型；（b）改进后的物场模型

（5）运用水处理相关知识和经验：如图 6-12 所示，利用紫外光对水进行消毒处理，紫外光利用一定波长光照射水体，破坏微生物的结构，以达到杀灭水体中细菌和微生物的作用。此外，紫外光可以有效减少水中指示性微生物——大肠杆菌的数量[7]。光场的引进具有较高的杀菌效率，运行安全可靠，且不产生有毒有害的副产物，不会对人体产生有害的风险（表 6-6）。

随着科学技术的不断进步和对光场领域的不断研究，考虑使用光场作为系统替代场增强系统的作用效果，在水处理中的工程应用越来越广泛。如处理难生物降解、高浓度的废水，采用常规的处理方法很难达到排放标准。利用物场模型的方法，考虑光场的引入，催

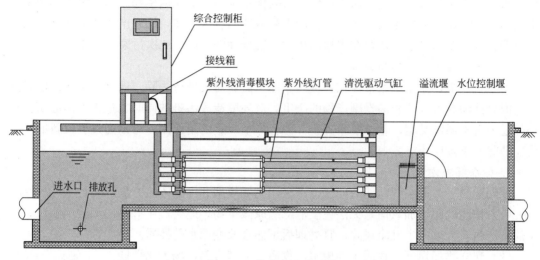

图 6-12　紫外光消毒系统

物场模型标准解的步骤表　　　　　　　　　　　　表 6-6

描述问题	建立模型	定义问题类型	选择标准解	得出方案
加氯消毒会产生有害的物质,存在产生副产物的风险,对于有些病原微生物消灭不彻底	物质 1 为原水,物质 2 为消毒剂,场为化学场	第 3 类问题,无效或不充分的完整系统;第 4 类问题,有害的完整系统	第 1-1 类、第 1-2 类、第 2 类标准解,2-2-1 使用更易控制的场	用光场替代化学场,利用紫外光杀死微生物,无二次污染

化剂 TiO_2、ZnO_2 等受光照射后,能生成具有强氧化性的自由基,污染物被氧化分解为小分子物质和无机离子等,即光催化氧化技术。光催化氧化法在少量氧化剂存在下,即可通过紫外光照射产生强氧化性自由基,使有机物被氧化成二氧化碳和水[8]。

6.2　标准解和发明原理的关系

　　通过前面章节的学习和了解,发现 TRIZ 中的解决方法之间有着密切的联系。通过矛盾工具包可以有效地解决工程面临的技术问题,解决问题系统中的矛盾,提高解决问题的效率。而 40 条发明原理有助于掌握这种方法,从而发现解决问题的关键手段,并可以通过发明原理的创新思想找到解决实际问题的方法。随着面临的问题变得越来越复杂,TRIZ 中的物场模型应运而生,通过运用物场分析的方法,可以解决更高层次的技术问题,其中在 40 条发明原理基础上发展而来的 76 个标准解,就是运用物场模型解决实际问题的关键。实际上,虽然发明原理与标准解属于 TRIZ 中不同工具的解决手段,但它们存在着相同的创新思想,具有很多共通之处,见表 6-7。当使用的发明原理不那么明确时,可以根据标准解与发明原理的关系,通过标准解更好地使用 TRIZ 工具,高效地解决问题。

标准解和发明原理的关系表　　　　　　　　　　　　　　　表 6-7

40 条发明原理	76 个标准解
分割	2-2-2 把物质 2 从宏观转换为微观
	3-2 向微观系统转化
	5-1-2 分割
抽取	-
局部质量	2-2-3 改变物质 2 成为多孔物质或毛细材料
	2-4-4 铁磁场模型中应用毛细管结构
不对称	-
组合	1-1 构建物场模型
	3-1-4 系统的简化
多用性	-
嵌套	-
质量补偿	-
预先反作用	-
预先作用	-
事先防范	-
等势	-
反向作用	-
曲面化	-
动态特性	2-2-4 提高系统的动态性,提高物场模型的效率
	2-4-8 使用动态、可变或自调的磁场
不足或超额作用	1-1-6 最小模式
维数变化	-
机械振动	2-3-1 使场的频率和物质 1 或物质 2 匹配或不匹配
	2-4-10 在铁场模型中匹配频率
	4-3-2 使用系统共振
周期性作用	2-2-5 动态场替代静态场
	2-4-10 在铁场模型中匹配频率
有效作用持续	-
减少有害作用的时间	-
变害为利	1-2 拆解物场模型
反馈	2-4-8 使用动态,可变或自调的磁场
	5-4-1 自我控制的转化
中介	1-1-2 内部合成物场模型
	1-1-3 外部合成物场模型
	4-1-2 测量副本

40 条发明原理	76 个标准解
自服务	2-4-8 使用动态,可变或自调的磁场
	5-4-1 自我控制的转化
复制	4-1-2 测量副本
	5-1-1 间接法
廉价替代品	-
机械系统替代	2-2-1 使用更易控制的场
	2-4 铁场模型
	4-2 建立测量的物场模型
	5-1-1 间接法
气液压力	2-4-3 使用磁流体
	5-1-1 间接法
	5-1-4 加入虚空物质
柔性壳体或薄膜	-
多孔材料	2-2-3 改变物质 2 成为多孔物质或毛细材料
	2-4-4 铁磁场模型中应用毛细管结构
改变颜色	4-1-3 将问题转化为连续的测量
	4-3-1 应用物理效应和现象
同质性	-
抛弃或再生	5-1-3 应用能"自消失"的附加物
参数变化	5-3-1 改变物质状态
相变	5-3 相变
热膨胀	4-1-1 修改系统替代检测或测量
	4-3-1 应用物理效应和现象
强氧化剂	5-5 产生较高或较低形式的物质
惰性环境	1-1-4 环境的使用
复合材料	5-1-1 间接法

如在水处理过程中,通常会使用曝气设备进行充氧,保证微生物的正常代谢活动。但对于曝气设备的维修来讲,需要放空曝气池中的水,再进行曝气设备的维修或零件的更换,导致曝气设备的维修工作较为烦琐复杂。面对这一问题系统,如何在不放空的情况下实现曝气设备的更换呢?针对这一问题,需要找到问题系统中的矛盾,即一方面需要放空去更换曝气设备另一方面又不希望停水,保证处理系统连续运行。这属于物理矛盾的范畴,通过 4.3 节物理矛盾及其解决方法,在系统分离中寻找相对应的原理,如若相对难理解,找到与发明原理类似相对应的标准解。发现与组合原理相对应的标准解是 3-1-4 系统简化,通过将多个组件合并为一个组件,实现系统的功能。可以将曝气管、曝气设备等组成一个完整的装置,即一体化曝气设备。在固定框架中设置曝气管并固定在提升拉索上,可在不停水、不影响系统运行的情况下更换曝气零部件,维修曝气设备。

参考文献

［1］北京市市政设计院 . 给水排水设计手册：城市排水 . 第 5 册［M］. 北京：中国建筑工业出版社，1986.

［2］CHU S，LIM B，CHOI C. Application status and prospect of magnetic separation technology for wastewater treatment［J］. Journal of korean society on water environment，2020，36（2）：153-163.

［3］张瑞，赵霞，李庆维，等 . 电化学水处理技术的研究及应用进展［J］. 水处理技术，2019，45：11-16.

［4］耿雪，田一梅，裴亮，等 . 声学在给水管道检漏中的应用［J］. 给水排水，2013，49：497-501.

［5］王彦莹 . 基于超声波调质下微细气泡促进污泥降解与脱水实验研究［D］. 北京：北京工业大学，2020.

［6］王剑虹，严莲荷，周申范，等 . 微波技术在环境保护领域中的应用［J］. 工业水处理，2003：18-22.

［7］李圭白，张杰 . 水质工程学（上册）［M］. 3 版 . 北京：中国建筑工业出版社，2021.

［8］靳立民，王凤英，王连寿，等 . 光催化氧化处理难降解污水的应用前景［J］. 油气田环境保护，2004，14：4.

7.1　格栅在水处理过程中的变革及其发明原理剖析

格栅是在水处理工艺流程中最常见也相对简单的处理设备。本节首先介绍了格栅技术的起源，格栅的出现源于对网状结构能够选择性阻拦较大尺寸物体这种现象的捕捉应用。之后以两大发明模式中的需求端为主线讲述了格栅技术的发展变革历程。对于格栅技术而言，对其主要的两种需求是提高自动化程度的需求与满足不同进水水质的处理需求。在提高自动化程度方面，出现了回转式格栅、转鼓式格栅、内流式格栅等格栅类型。在应对不同进水水质的处理需求方面，主要介绍了回转式格栅与水力筛结合、回转式格栅和捞毛机结合等技术。在对格栅的变革过程进行梳理后，本节从技术进化 S 曲线与问题九屏幕法两方面对未来格栅是否会消失这一问题进行了探讨。最后，利用 TRIZ 理论的解决方法，对多道格栅、回转式格栅、转鼓式格栅的发明原理进行了剖析。

7.1.1　格栅技术起源

在早些时候发现：蜘蛛结的网会粘住昆虫，但在下雨的时候，风和雨却能轻易通过它，这种自然现象给早期的人类一种最感性认识——网状结构，它蕴含着选择性阻拦通过的物体，大物体会被约束，而小物体可以通过的思想。从过去渔网的发明、造纸术的发明再到现代过滤技术的成熟，这种被人类捕获的现象，在人类的历史中被反复地利用。图 7-1 为典型的水处理技术与截留污染物的图谱。

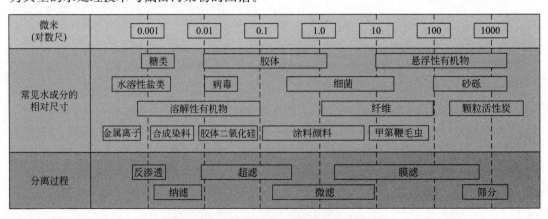

图 7-1　典型的水处理技术与截留污染物图谱

作为典型的预处理技术，格栅是最为常见的截留污染物的工艺。格栅一般由平行的格栅条、格栅框和清渣耙三部分组成，它被放置在污水流经的渠道或泵站集水池的进口处，利用金属栅条截阻大块的悬浮或漂浮状态的固体污染物，实现污水的固液分离。

7.1.2　格栅进化的关键方向

1. 对提高自动化水平的需求

（1）回转式格栅

由于格栅依靠物理分离作用将水中杂物截留，所以大量的杂物会堆积在格栅前影响进水流量，这种情况在水量大或者来水杂物多时尤其严重，因此需要定期对格栅进行清渣，但传统的人工清渣方式不仅会浪费大量人力，有时还会对清渣人员的健康安全状况造成威胁。因此，需要一种能够自动清除杂物的格栅，故如前文所述，为了节省人工，人们希望格栅具有自清功能，这对自动化程度高的格栅有了需求。但是，自动化程度的提高往往伴随着设备复杂性的增加。

应用链式结构，催生了一系列自动化除渣的格栅，其中一种就是回转式格栅。

如图 7-2 所示，回转式格栅主要由驱动装置、机架、链轮、链条、耙齿、清污装置及弹性过载保护装置等组成。在驱动装置的驱动下，回转链带动耙齿按一定方向旋转，在迎水面耙齿由下向上运动将水中漂浮物捞出至顶端翻转后卸下，粘在耙齿上的栅渣依靠橡胶刷反向运转将其清除干净[1]。过载时，弹簧下压，接近板靠近接近开关，使电机停止运转。

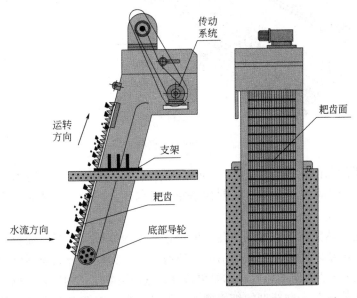

图 7-2　回转式格栅

这种格栅的最大优点是自动化程度高，无需人工清渣且除渣效率高，同时在无人看管的情况下可保证连续稳定工作。

（2）转鼓式格栅

当成功应用有一定自动化程度的格栅后，需求也随着技术的发展而增加，回转式格栅的设计虽然实现了自动化除渣，但是其除渣方式的设计仍然存在很多缺点。例如，当污水的污染程度下降，漂浮物减少时，如果回转链条依然以之前较高转速转动，就会导致大量能量的浪费。但是如果将链条的速度调节得过低，又会在面对波动性大、水质复杂的过流污水时，发生格栅堵塞的情况。

如图 7-3 所示，转鼓式格栅为圆柱形结构，安装时栅条和水流呈较小的倾角（35°左右）。转鼓式格栅的工作原理是污水从圆柱状转鼓的前端流入，经转鼓侧面的栅缝流出，污水中的栅渣则被截留在鼓栅内侧的栅条上，当转鼓截留的栅渣积累到一定量或格栅前后液位差达到限定值时，外鼓或内耙齿以一定的速度旋转，在转鼓外侧上部沿转鼓全长设置的清洗滤嘴同时启动，冲洗水将栅渣清除至格栅中央的螺旋输送槽内，经内置的螺旋压榨装置将栅渣压榨脱水，然后落入栅渣传输机或栅渣小车中。

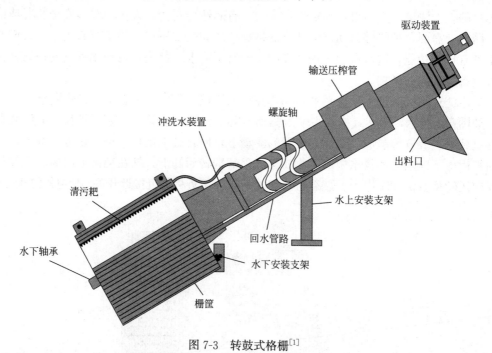

图 7-3　转鼓式格栅[1]

转鼓式格栅的曲面化设计使得只有栅渣积累到一定量后才会被清理，降低了能量损耗，同时，螺旋压榨菜装置还起到了对栅渣脱水的作用，减少了后续对栅渣处理的负担。

（3）内流式格栅

转鼓式格栅虽然减轻了人力的消耗，但仍存在占地面积大、对过流量有一定要求的缺点，且安装角度的要求使该工艺并不适配于所有水厂。为此，开始思考能否将格栅的安装角度定为 90°，这样节省空间，且过水效果最好。这便衍生出了内流式格栅，如图 7-4 所示。

内进流网板格栅是一种新型的细格栅清污设备，采用连续拦截并清除流体中的固体杂物，以达到极好的清污效果。如扁平的固体、杂草、瓜壳等，尤其是传统细格栅难以阻截的毛发纤维类污物，均可以得到有效去除，可大大降低后续处理工序的负荷。

内流式格栅的机架安装于格栅渠的中央，机架两侧与格栅渠之间的间隙为格栅滤后出水的通道。在机架的迎水端两侧与渠壁间布置了导流挡板，其在导流的同时，可防止污水短流由滤前直接进入滤后。机架下部迎水端开有一个进水洞口，其对侧为封闭端。污水由进水洞口流入机内后经两侧网板流出，并经两侧出水通道汇入机后渠道中。驱动电机安装在机架正向的输出轴上，两侧网板在传动链条的带动下，自下而上将其长度范围内截留的污物向上提取，抵达上部时，通过链轮的转向功能，在顶置的冲洗装置的冲洗水作用下，自动完成卸污工作，渣水排入两侧网板之间的集渣槽后自流排出机外。因此，它具有网板过水面积大、垃圾截留率高、垂直式安装、有效节省空间以及可通过时间、液位差实现全自动控制等诸多优点。

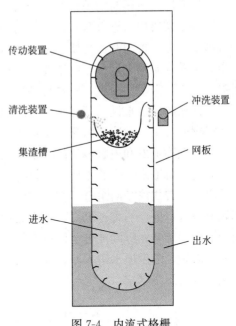

图 7-4　内流式格栅

此外，常见的平面格栅（如粗格栅、回转式格栅等）之所以需要倾斜一定角度安装，是因为90°的垂直安装角度会给栅渣的清扫带来较大困难且容易导致截留的栅渣被水冲走，而内流式格栅这种错流式的设计就几乎避免了这两个问题。在水处理领域中，这种错流式的设计被应用到了很多地方，例如在膜过滤中普遍采用的错流式过滤，使污水平行于膜面流动，渗透液透过膜面流出，实现了进水与出水的正交分流，因此，错流过滤的滤膜表面不易产生浓差极化现象和严重膜污染问题，膜渗透率较高。

2. 对不同进水水质的处理需求

（1）回转式格栅与水力筛结合

造纸厂废水中的悬浮物主要是纤维和纤维细料（即破碎的纤维碎片和杂细胞），单纯使用回转式格栅已经不能有效地满足造纸废水处理的要求，而且仅靠回转式格栅的自清洁功能已经不能完全处理纤维物质造成的堵塞，还需要人工操作才能达到要求，这极大增加了回转式格栅的维护和运行费用。水力筛（又名水力筛网）是一种采用孔眼材料截留液体中悬浮物的简单、高效、维护方便的拦污装置。平面式水力筛如图 7-5 所示，污水从进水管进入布水管，使流速减缓，进水沿筛网宽度均匀分布，水经筛网垂直落下，水中杂物沿筛网斜面落到污物箱或小车内从而达到截留的目的。由于造纸厂有处理富含纤维质废水的需求，于是便考虑将两种工艺进行结合。在回转式格栅前设水力筛，它将污水均匀地分配到筛网上，通过一定的倾斜角度，既保证了污水过流，又让一定量的水扫洗筛网以实现自清洁，处理掉大量的纤维物质，极大地减少了回转式格栅的处理压力。

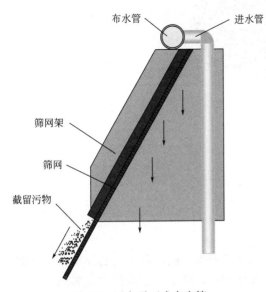

图 7-5　固定平面式水力筛

（2）回转式格栅与捞毛机相结合

屠宰场需要用水进行解体冲洗、内脏清洗、地面冲洗以及牲畜粪便冲洗等。由此产生的污水中含有大量的有机物质，主要包括：动物粪便、血液、内脏杂物、畜毛、碎皮肉和油脂等。其水质特点是悬浮物浓度大、有机污染物浓度高且具有较强的腥臭味，因此针对屠宰场废水，需要一个更好的物理处理工艺。

从格栅的角度来说，其遇到的难题便是对动物毛发、内脏残渣的处理，动物毛发易缠绕在格栅的边角，粘连在格栅上不易用重力去除，细小的内脏残渣堆积在一起也不易被齿耙去除。动物毛发和内脏残渣的堆积会大大增加水力损失，影响格栅的正常运作。

通过分析毛发产生的矛盾——易随水流动又易粘附在格栅壁或互相缠绕，设计了一套捞毛机与回转式格栅的组合工艺，如图 7-6 所示。滚筒式捞毛机如图 7-7 所示，设备安装于调节池入口处，当含有毛发、纤维的污水流入筒型筛网后，纤维被截留在筛网上，随着筒型筛网的旋转，纤维被带至筒形上部，经水冲洗后落在滑毛板上，然后滑落至集毛盘再由人工清理，随后原水进入回转式格栅进行大型杂物、悬浮物颗粒的去除，有效地避免了大量毛发的缠绕堵塞。

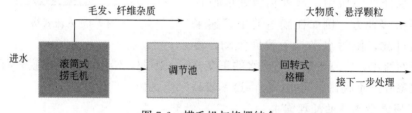

图 7-6　捞毛机与格栅结合

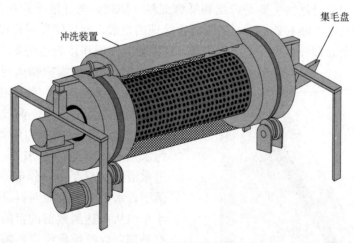

图 7-7　滚筒式捞毛机

7.1.3　格栅会消失吗

通过之前的章节可知，各个技术的进化都服从理想度法则，但不同的技术在 S 曲线上处于不同的阶段。以格栅为例，其目的是解决大体积杂物堵塞管道的问题或者防止大块悬浮或漂浮状态的固体污染物影响生物处理单元的处理效果。从市场上现有的格栅技术来看，不同类型的格栅已经可以适配大部分的进水水质情况，格栅不仅随着自动化程度的提高而降低了人工成本，不锈钢材料到尼龙等新材料的使用也在降低制造成本，这些改变从提高理想度的角度来看，功能端的需求已经满足，且成本还在下降，所以我们认为格栅处于技术发展阶段的成熟期，接下来将会进入衰退期。

那么，在新技术产生的前夕，格栅有哪些方向可以发展继而成为二代工艺，或者说是否存在一种新的技术将完全取代格栅的功能。我们可以通过九屏幕法搜索一下相关的信息与资源。

1. 子系统角度

如图 7-8 所示，以回转式格栅为当前系统，其子系统为耙齿，过去为栅条，未来是网板，其发展过程主要围绕着过流和拦截两个要点，随着阻拦结构的改变，格栅的拦截效果不断提升，也更易堵塞，造成更大的水力损失。为此，从提高理想度的角度，发展格栅的自净功能，格栅的自动化水平也相应地提高，从人工清除到耙齿机械清除，再到水力冲刷，从物场角度看，不断强化格栅对杂质的去除作用——通过引入不同的场（机械场、水力场）。现有技术也在不断进行着组合式进化，同时新技术的产生又伴随着新问题的出现，随着水力冲刷的普及，如何高效地压缩富含水分的杂质将成为短期的发展目标，而长期的发展方向可能是使用新场替换掉原有的水力场，在此猜测利用高压气体或者离心力，因此子系统可能是笼式结构网板。

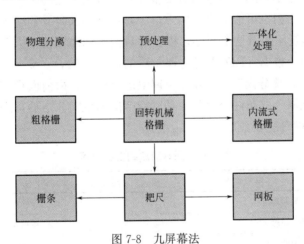

图 7-8　九屏幕法

2. 超系统角度

从超系统角度看，格栅属于污水处理的预处理阶段，目的是截留大块悬浮或漂浮状态的固体污染物，不仅减少生物处理阶段的负荷也防止提升泵和管道的堵塞，其进化趋势也从单一的物理分离到不断与水力筛和捞毛机等其他工艺组合进化，以强化格栅对污水的清除效果，根据进化趋势中的"增加协调性"，格栅已经开始向一体化设备发展，国外部分地区早已将集粉碎、分离、自净功能为一体的粉碎式格栅与提升泵站合建，极大地减少了污水处理工艺前端构筑物的占地面积，但对于"一体化设备"的子系统——刀片的质量要求过高，所以国内普及率低。在此，从超系统角度对格栅的进化趋势进行一个预测，在工业制造满足要求的基础上，将提升污水扬程与粉碎物质的功能组合，即研发出同时满足提升、粉碎、分离、自净功能的泵或者格栅，以实现组合进化。

经过一系列的分析，格栅的技术终将会被取代，但结合了格栅的拦截、自净功能的新技术必定会产生。

7.1.4 格栅进化中的发明原理剖析

格栅的进化，是在不断满足生产需求中实现的，可以说需求是格栅技术进化的动力源泉，在新技术不断满足需求的同时，又会随着时代的发展衍生出新的需求，同时也可以是为了修正新技术所带来的负面因素的需求。

尽管格栅多种多样，但是它的变革历程符合 TRIZ 思维的"八大趋势"。此外，在格栅系统的每一次创新改进上，都可以看到 TRIZ 思维及解决方法的具体体现，下面针对不同种类的格栅或其操作方式进行发明原理的分析与探讨。

1. 多道格栅的发明原理

普通格栅根据栅条间隙大小可以分为粗、中、细三类格栅。其实，不管是什么种类，构造如何复杂的格栅，其核心思想都是利用杂物尺寸大于栅条间隙从而被拦截这一原理进行设计。

为了使格栅能够尽可能地拦截尽量多杂物，通常希望格栅的间隙尺寸越小越好，然而实际上如果栅条间隙过小，那么当进水流量很大时，进水水流的水力条件就势必会受到较大影响，除此之外，格栅也可能会因为间隙过小且清理不及时导致堵塞从而影响进水。

从 TRIZ 思维的视角来看这个问题，很显然对栅条间隙既要"大"又要"小"的要求属于典型的物理矛盾。根据 TRIZ 中对物理矛盾的解决办法，需要从"空间分离""时间分离""条件分离""系统分离"4 个分离原理中进行选择，由前面章节所述可以确定栅条间隙大小的矛盾应该属于"条件分离"原理所能解决的范畴。之后，进一步查找条件分离原理与 40 条发明原理对应表。

条件分离原理对应的发明原理　　　　表 7-1

分离方法	发明原理	分离方法	发明原理
条件分离	1. 分割原理	条件分离	27. 廉价替代品原理
	5. 组合原理		28. 机械系统替代原理
	6. 多用性原理		29. 气液压力原理
	7. 嵌套原理		31. 多孔材料原理
	8. 质量补偿原理		32. 改变颜色原理
	13. 反向作用原理		33. 同质性原理
	14. 曲面化原理		35. 参数变化原理
	22. 变害为利原理		36. 相变原理
	23. 反馈原理		38. 强氧化剂原理
	25. 自服务原理		39. 惰性环境原理

在条件分离原理所对应的发明原理（表 7-1）中，可以使用第 5 条原理——组合，即在空间上，将相似的（相同的、相关的、同类的、接近的、时间上连续的对象）加以组合

（合并）。因此基于组合原理，很多污水处理厂不只使用一道格栅，而是采用粗、中两道格栅，甚至采用粗、中、细三道格栅对污水中的杂物进行拦截，采用这种设计，不同尺寸的杂物就会被多道格栅呈阶梯式地截留，既避免了所有杂物堆积在同一个格栅前造成堵塞，又很好地改善了水力条件。

2. 回转式格栅的发明原理

由于格栅依靠物理分离作用将水中杂物截留，所以大量的杂物会堆积在格栅前影响进水流量，这种情况在水量大或者来水杂物多时尤其严重，因此需要对格栅进行清渣，但传统的人工清渣方式不仅会浪费大量人力有时还会对清渣人员的健康安全状况造成威胁。因此，需要开发一种格栅能够自动清除杂物，提高格栅的自动化程度。但是，如果引入复杂的自动清渣设备那么就会使设备的复杂性大大升高。

从 TRIZ 思维的角度来看，上面的问题属于一对技术矛盾，按照技术矛盾的求解办法，想要使格栅能够自动清除栅渣的要求属于第 38 个通用参数——自动化程度，而格栅结构过于复杂的情况属于第 36 个通用参数——设备的复杂性，之后可以查阅矛盾矩阵表寻找对应的发明原理（表 7-2）。

部分矛盾矩阵表　　　　表 7-2

改善的参数 ＼ 避免恶化的参数	35 适应性及多用性	36 设备的复杂性	37 检测的复杂性
38 自动化程度	27,4,1,35	15,24,10	34,27,25

在对应的发明原理中选择第 15 条——动态特性原理，以动态特性原理为指导，便催生了一系列自动化除渣的格栅，其中的一种就是前文所述的回转式格栅。

回转式格栅的出现也体现了 TRIZ 理论中技术进化八大趋势的"提高自动化程度"，即技术系统会向自我系统完善的方向进化，具体包括向提高其柔性、可移动性和可控性的方向进化。回转式格栅利用回转链带动耙齿旋转，从而实现自动除渣的设计就是使格栅系统朝着提高其可移动性及柔性前进了一步。

3. 转鼓式格栅的发明原理

如前文所述，进水水质是存在波动的，当进水中的漂浮物较少时，如果格栅的回转链条依然以之前的速度频繁转动，那么就会导致较多的能量损失。但是如果将链条的速度调节得过低，又无法及时地清除栅渣会导致格栅堵塞。

"链条转速"与"能量消耗"之间的这对矛盾显然也是 TRIZ 方法中的一对技术矛盾。其中"链条转速"对应 39 个通用参数中的第 9 个参数——速度，而"能量消耗"刚好对应第 22 个参数——能量损失，确定两个参数之后，可以通过查阅矛盾矩阵表寻求解决方案（表 7-3）。

部分矛盾矩阵表　　　　表 7-3

改善的参数 ＼ 避免恶化的参数	22 能量损失
9 速度	14,20,19,35

从矛盾矩阵表提供的参考原理中，选择第 14 条发明原理——曲面化原理进行分析，即可以将物体的直线、平面部分用曲线或球面代替。因此就设计出了以曲面格栅代替平面格栅的转鼓式格栅。

7.1.5 格栅系统总结

在水处理发展史上，格栅系统作为水处理流程中最广泛应用也是位于各种工艺流程最前端的水处理设施，涌现出了结构各异、类型复杂的各类格栅，时至今日，针对格栅技术创新与改进的步伐也依然没有停歇。

尽管格栅种类繁多，但其主要发展方向是符合技术的进化路线的。首先，最重要的一条进化路线是从需求端出发，为了满足实际生产中多样化的需求，开发出了一系列格栅。其中，针对提高自动化水平的需求，由最原始的网式格栅发展出了回转式格栅、转鼓式格栅、内流式格栅等一系列自动化除渣的格栅设备，既降低了人工除渣的劳动强度，又使格栅因为能够及时除渣而大大提高了过水效率。针对不同进水水质的处理需求，采用预作用原理，在格栅设备前加装符合实际处理需要的预处理设备，如水力筛、捞毛机等，通过这些预处理设备将污水中难处理的杂物提前去除，从而降低后续格栅的处理难度，这种技术进化方式也体现了技术进化中最重要的一种路线——组合进化。

格栅技术的进化除了满足多样化的生产需求之外，还有一条方向就是提高格栅的过水效率。格栅技术面临的一对关键矛盾便是过水效率与杂物拦截效率之间的矛盾，由于水中杂物与水流的运动方向一致，因此当格栅拦截住杂物时就势必会阻挡水流通过，降低过流效率。迫于这个原因，开发出了一系列自动化除渣和高效率除渣的格栅设备，但都没有在其本质原因上解决问题，直至出现了错流式的水渣分离设计，其中内流式格栅便是其中典型的代表。错流式的设计使得水中杂物运动方向与水流动的方向呈正交状态，杂物即使没有得到及时清理也不会堵塞水流通过，从而使过流效率大大提高。因此，如果从提高过流效率的角度出发，错流式设计这种从本质上解决过流问题的进化方向将是未来格栅技术发展进化的主要方向。

7.2 滤池在给水处理过程中的变革及其发明原理剖析

本节首先介绍了滤池技术的起源，滤池的出现源于对地层过滤作用这种自然现象的应用。之后以滤池进化的关键参数——滤速为主要线索讲述了滤池技术的发展变革历程，为了提高滤速，滤池经历了从最初的慢滤池到快滤池再到高速 V 型滤池、高速纤维滤池、彗星式纤维滤池等新型滤池的发展进化，直到膜过滤技术的出现，滤速和出水水质都达到了理想的效果，但受限于经济因素膜过滤技术不能得到广泛的大规模应用。在朝着提高滤速这一目标发展的过程中，出现了过滤效果差的副作用，需要改进滤料，因此滤料作为另一条线索贯穿了滤池的发展历史，为了达到理想床层的滤层状态，滤料先后经历了从单层滤料到多层滤料再到均匀滤料、纤维滤料、改性滤料等滤料形式的发展。最后，本节结合了 TRIZ 的矛盾解决方法，对快滤池反冲洗系统和压力滤池的发明原理进行了分析。

7.2.1 滤池技术起源

现象是技术赖以产生必不可少的源泉，从本质上看，技术是被捕获并加以利用的现象的集合，或者说，技术是对现象有目的的编程。通过观察发现清洁的井水是通过地层的过滤作用获得的，这就启发人类用过滤方法来处理经过沉淀但仍然浑浊的地表水。最早的过滤设备就是一种类似地层过滤作用的横向水流滤池，后来才发展为竖向水流，即慢滤池。

7.2.2 滤池进化的关键方向

最早的慢滤池是 1827 年罗伯特·汤姆为苏格兰格林奥克设计的慢砂滤池。慢滤池所用的滤料为砂滤料，过滤时水流速度很慢，其过滤作用主要依靠滤料顶部，由藻类、原生动物和细菌等微生物大量繁殖形成的几厘米厚的滤膜，捕捉水中的杂质，依靠氧化分解作用进行净化，实际上是起着生物滤池的作用，如图 7-9 所示。

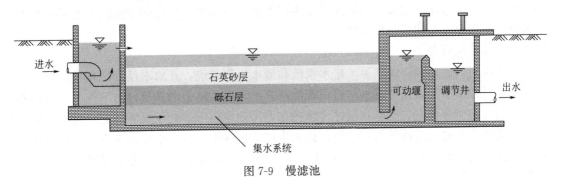

图 7-9 慢滤池

慢滤池能有效地去除水的色度、嗅味，但对有机物和化学污染含量高的原水，处理效果不太理想。更主要的是其过滤速度慢（约 0.1～0.3m/h），占地面积大，不能满足大规模的污水处理需要，现在已很少采用。

由前面章节可知，经济就是技术集合的一种表达形式，技术进化会引发经济进化。因此滤池不断进化变革的目的是希望能够在保证出水水质达标的情况下，尽可能地降低成本。给水滤池的处理对象一般是经过混凝后的地表水、地下水等，其含有一定的有机与无机污染物，例如胶体、溶解性有机物和无机物等，几乎没有微生物。因此给水中的过滤，以物化作用（吸附、截留等）去除颗粒物，滤池需要在合适的滤速下达到污染物的稳定去除，同时截留的污染物在滤床中持续积累导致过滤阻力的不断增加，直到水头损失达到极限值。由此可见，给水过滤处理的过程中，在保证处理水质的前提下，追求高的过滤速度，能够降低滤池的投资和运行成本，但是会导致杂质截留效果差、过滤阻力快速增加、能耗相应增大，这是过滤过程中关键的技术矛盾之一。

1. 普通快滤池

为了在慢滤池的基础上提高滤速，1870 年在美国出现了第一座普通快滤池。

快滤池的滤速一般为 5～10m/h，是慢滤池滤速的几十倍甚至数百倍，无论是何种滤池，其基本工作过程相同，过滤原理也基本一致，因此以普通快滤池为例，介绍滤池的工

图 7-10 普通快滤池

作过程和过滤原理[2]，如图 7-10 所示。

普通快滤池主要包括池体、滤料层、原水进水系统（管渠和阀门等）、清水收集系统（管渠和阀门等）和水反冲洗系统（冲洗水进水管渠和阀门、配水管渠和阀门、排水管渠等），如图 7-10 所示。值得注意的是，在普通快滤池中，清水收集管渠和水反冲洗配水共用一套管道系统。普通快滤池是间歇运行的，一个完整的工作周期包括过滤（12～24h）和反冲洗（6～10min）两个阶段。

（1）过滤阶段

过滤时，通过阀门开启原水进水系统和清水收集系统，关闭水反冲洗系统的所有阀门系统。原水经进水管渠进入滤池上部，经过滤料层从上至下过滤后，由底部的配水系统收集后，进入清水收集干管，输送至清水池。过滤过程中，随着原水中污染物在滤料层中的持续截留，含污量逐渐增加，滤料层的水头损失也相应增加。当影响滤池的产水量或产水水质时，必须停止过滤进行反冲洗。

（2）反冲洗阶段

反冲洗时，通过阀门关闭原水进水系统和清水收集系统，开启水反冲洗系统的所有阀门系统。反冲洗水经过反冲洗进水管渠和配水管渠，进入滤池的底部，由下而上穿过滤料层，均匀分布于滤池上，滤料在反冲洗水的水力冲刷作用下，处于悬浮状态，并且得以清洗，冲洗废水上升至反冲洗排水系统，排入生产废水收集管道。水反冲洗有一定的冲洗强度和冲洗时间，该过程持续到滤料清洗干净为止，结束后进入一个工作周期，如此周而复始。

实践表明普通快滤池运转效果良好，冲洗效果得到了保证，适用于任何规模的水厂，缺点是管渠配件及阀门较多，操作较为复杂。

2. 高速 Aquazur V 型滤池

为进一步提高滤速，德利满公司开发出了高速 Aquazur 滤池，高速 Aquazur 滤池应用广泛，设计滤速可超过 20m/h，特殊设计滤速可高达 30m/h[3]。

这种 V 型滤池兼具高效过滤和高效冲洗所必需的所有特性：

（1）滤料粗但砂床较厚，厚度深为 1～2m，因此特别适用于高速过滤；

（2）在整个过滤周期和滤料深度方向上保持正压，防止滤层因负压产生气泡堵塞滤层；

（3）不采用导致滤层膨胀的反冲洗方式，避免滤料的水力分级。特别是对于具有较高均匀系数的均质滤料，反冲洗时更能保持其均质状态；

（4）在气水联合反冲洗过程中，一直辅以表面扫洗，故清洗比较彻底，并且反冲洗水量较小，根据不同的原水水质和水温，为过滤水量的 1%～3%。

由于较高的滤速和滤前加药，其冲洗和漂洗强度明显高于常规的反冲洗。为了减小反冲洗设备的规模，高速 V 型滤池不采用普通 V 型滤池双格同时反冲洗的标准方式，而是对单格滤池逐一进行反冲洗。

3. 高速纤维滤池

以长纤维作为过滤材料的滤池称为纤维滤池，如图 7-11 所示，纤维为有机高分子材料，直径为 $50\mu m$ 左右，纤维长度超过 $1m$，纤维下端固定在出水孔板上，上端固定在一构件上，纤维装填孔隙率为 90% 左右。上端固定构件可以上下移动。当水流自上向下通过纤维层时，在水头阻力作用下，纤维承受向下的纵向压力，且越往下纤维所受的向下压力越大。由于纤维纵向刚度很小，当纵向压力足够大时就会产生弯曲，进而纤维层会整体下移，最下部纤维首先弯曲并被压缩，此弯曲、压缩的过程逐渐上移，直至纤维层的支撑力与纤维层的水头阻力平衡（压缩过程需要 $3\sim5min$）。由于纤维层所受的纵向压力沿水流方向依次递增，所以纤维层沿水流方向被压缩弯曲的程度也依次增大，滤层孔隙率和过滤孔径沿水流方向由大到小分布，这样就达到了高效截留悬浮物的理想床层状态。

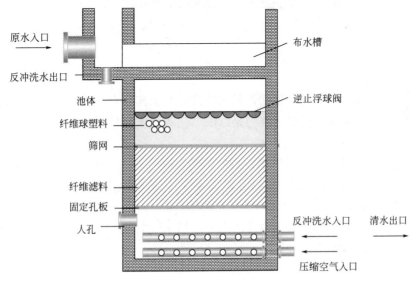

图 7-11　纤维过滤池

纤维滤池之所以能起到高速的过滤作用，是因为纤维滤料具有极大的比表面积，所采用的纤维丝直径为 $10\mu m$ 级，比常用的砂滤料比表面积大 20 倍。具有更大的比表面积，意味着具有更高的碰撞接触机会、更大的吸附容量。其设计滤速一般为 $10\sim20m/h$（一般取 $15m/h$）。

4. 彗星式纤维滤池

彗星式纤维滤池是一种全新的重力式高速自适应滤池，如图 7-12 所示，它以彗星式纤维滤料为技术核心，结合了 V 型滤池和纤维滤池的优点，采用小阻力配水系统、高效的气水反冲洗技术、恒水位或变水位的过滤方式，广泛应用于市政自来水工程、工业给水工程和中水回用工程，取得了良好的经济效益和社会效益。

彗星式纤维滤池具备传统快滤池的主要优点，且由于运用了 DA863 过滤技术，多方面性能优于传统快滤池，是一种实用、新型、高效的滤池。与传统砂滤池相比，彗星式纤维滤池过滤速度快，在工程应用中的设计过滤速度为 $18\sim23m/h$，可以减少水厂的占地面积，从而节约建设投资。

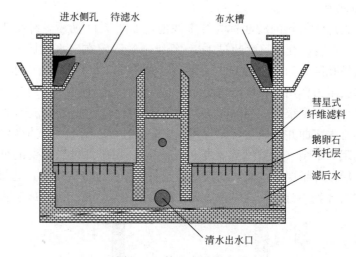

进水侧孔　待滤水　　　布水槽

彗星式
纤维滤料

鹅卵石
承托层

滤后水

清水出水口

图 7-12　彗星式纤维滤池

5. 膜过滤技术

　　膜过滤技术与其他过滤技术相比，最大的特点在于其分离介质的不同。普通的滤池过滤是以各种滤料作为介质，而膜过滤则是以商品化滤膜作为分离介质，因此材料的均匀性要明显优于传统滤池。

　　在膜过滤技术出现之前，更早出现并得到应用的是滤布滤池。如图 7-13 所示，滤布滤池以滤布为分离介质，污水进入滤布滤池后，依靠重力作用通过滤布，过滤后的水进入滤盘、中心管，之后进行排放或者回用。随着过滤的进行，滤布上沉积的物质增多，过滤速度会逐渐减小，滤池中的水位也会逐渐上升。当水位上升到设定的水位时，就会开始进行负压反抽吸，伴随着滤盘缓慢转动，滤布被清洗干净。

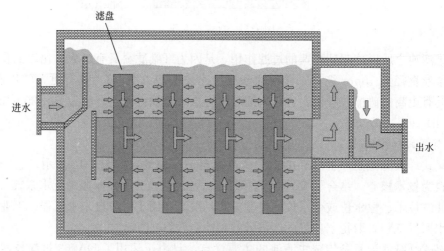

滤盘

进水

出水

图 7-13　滤布滤池

　　膜过滤技术则是滤布滤池技术发展到一定程度后的进化。膜过滤过程以选择性透过膜为分离介质，在其两侧施加某种推动力，使原料侧组分选择性地透过膜，从而达到分离或提纯的目的。这种推动力可以是压力差、温度差、浓度差或电位差。在水处理领域中，广泛使用的推动力为压力差和电位差，其中压力差驱动膜过滤工艺主要有微滤、超滤、纳滤、反渗透等；电位差驱动膜滤工艺主要有电渗析，压力差驱动膜滤对水中的杂质去除范围如图 7-14 所示，在允许压差范围内，去除能力随膜孔径的减小而增大。

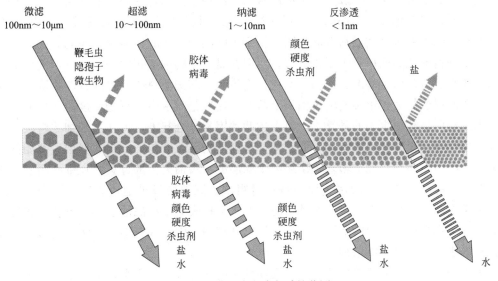

图 7-14　膜过滤去除杂质的范围

由于膜滤技术中使用的膜厚度很小（相对于滤床厚度），因此与滤池工艺相比膜滤技术的滤速也极快，如果单纯从提高滤速的技术层面来看，膜过滤技术已经达到了过滤速度上的"最优解"，然而实际上膜过滤技术并没有作为过滤处理单元在水厂中得到广泛的应用。究其原因，主要是因为膜材料成本与运行成本相对很高，而且滤膜还存在膜污染和膜老化的问题。这也正如前面所言，技术进化会引发经济进化，而在技术的发展进化过程中，经济又时时刻刻影响着技术。

现有膜滤技术的过滤速度已经很快且足可以使处理后的水达到相当高的标准，因此在提高滤速这一方向或许已经没有太大的提升空间，以后的进化方向应该是"组合进化"。

组合是新技术的潜在来源。技术是从原有技术中被创造出来的，深层原因在于，任何目的性系统的新组件，都只有通过使用已有的方法和组件才能实现。也就是说，所有技术产生于已有技术，已有技术的组合使新技术的诞生成为可能。

7.2.3　减轻提高滤速的副作用

在滤池的发展过程中，主要目标是提高滤速，但一味提高滤速会出现"欲速而不达"，出水由于得不到充分时间的处理而导致质量变差。因此需要开发不同的滤料来提高水质，对于滤料的发展，新技术是针对现有目的而采用一个新的或不同的原理来实现的技术。因此，发明有两大模式：一、肇始于链条的一端，源于一个给定的目的或需求，然后发现一个可以实现的原理；二、发轫于链条的另一端，从一个现象或效应开始，然后逐步嵌入一些如何使用它的原理。无论发明过程有多么变化多端，最终都可以将它们归为两大模式。而正是因为具有提高水质的需求，才驱动了滤料的发展。

1. 从单层滤料到多层滤料

普通快滤池常用不均匀的石英砂为滤料构成的单层滤层。但是，不均匀滤料滤层在滤池反冲洗时会发生滤料的水力分级，即滤料的细组分会集中到滤层的上部，滤料粗组分会集中到滤层的下部，从而形成上细下粗的水力分级现象。当含悬浮物的水由上向下经滤层进行过滤时，将首先经过上部的细滤料滤层，然后再经过下部粗滤料滤层。在快滤池中，水中的悬浮物主要是靠在滤料表面粘附而得到去除的。滤料的比表面积与滤料的粒径成反比，即细滤料的比表面积要大于粗滤料，所以在悬浮物的浓度相同的条件下，上部的单位体积细滤料层将截留更多的悬浮物。其次，先流入上部细滤料层的水的悬浮物浓度要比流经下部粗滤料层的大，单位滤料表面积上截留的速率是与水中悬浮物浓度成正比的，所以上层细滤料层将截留更多的悬浮物。将上述两种因素结合起来，可知上部细滤料层截留的悬浮物要比下部粗滤料层多得多，而上部细滤料层的孔隙度与下部粗滤料层大致相同，所以上部细滤料层将很快地被堵塞，结果整个滤层的水头损失大部分集中在细滤料层，由于被堵塞的上部细滤料层中的水头损失增加得很快，滤池便过早地达到压力周期。除此之外，由于上部细滤料层被堵塞，使整个滤层的水头损失集中在滤池上部，还会造成过滤后期滤层中出现真空，水中的溶解气体大量析出并在滤层中形成气泡，致使滤层过滤面积急剧减小，水头损失也急剧增加。

由不均匀滤料构成的单层滤层，在反冲洗时的水力分级作用下，形成了上部细、下部粗的滤层构造，结果上部细滤料层很快被堵塞，而下部粗滤料层没有充分发挥贮积被截留的悬浮物的作用。所以，理想的滤层构造应是沿过滤水流方向滤料的粒径由粗变细，习惯上又被称为反粒度过滤。因此，对滤料的一个重要需求就是希望滤层接近理想滤层的状态。

双层滤料过滤是利用两种相对密度不同的滤料构成滤层，上层为轻质的滤料（一般用无烟煤粒，相对密度 1.4～1.7），下层为重质的细滤料（一般用石英砂，相对密度 2.6～2.7），如果选择恰当的粒径配比，就可以使两滤层在反冲洗的水力分级作用下，保持各自状态而不发生显著混杂。当水由上向下过滤时，首先通过粗滤料滤层，使水中大部分杂质截留其中，然后再通过细滤料滤层，截留水中剩余的杂质，从而使两滤层都能充分发挥作用，整个滤层的含污能力也得以提高。双层滤料过滤已在滤池中得到比较广泛的应用。

用三种相对密度不同的滤料，可构成三层滤料滤层，最上层为相对密度最小粒径最粗的滤料，中层为相对密度较小粒径较细的滤料，最下层为相对密度最大粒径最细的滤料。目前在生产中使用的有以无烟煤、石英砂和磁铁矿（相对密度 4.7）组成的三层滤料滤层。当水由上向下过滤时，水通过的滤层的粒径逐层由粗变细，所以三层滤料滤层的含污能力较双层滤料滤层又有提高。各种滤层的构造如图 7-15 所示。

2. 均质滤料

多层滤料滤层中的每一层滤料，仍然为粒径不均一的滤料，它在反冲洗水流的水力分级作用下仍会形成上细下粗的构造，所以多层滤料滤层的粒度分布从整体上看虽然是上粗下细的，但对于每一层又是上细下粗的，所以多层滤料滤层的粒度分布仍然是不够理想的。为了解决这个问题，可以使用均质滤料作为过滤介质。均质滤料并非滤料粒径完全相同，而是整个滤层粒径均匀，通常采用不均匀系数 K_{80} 表示滤料的均匀程度。对于净水厂而言，K_{80} 越接近 1，过滤效能越好。均质石英砂能克服滤料表层阻塞的缺点，充分发

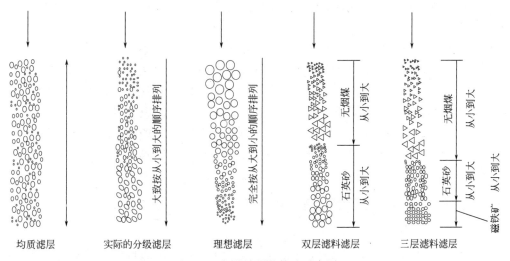

| 均质滤层 | 实际的分级滤层 | 理想滤层 | 双层滤料滤层 | 三层滤料滤层 |

图 7-15　各种滤层的构造示意图

挥整体滤层的纳污作用，从而提高过滤效率。当悬浮颗粒由于范德华力在石英砂表面不断累积时，形成的积泥会改变滤料层的孔隙结构，进而改变整个滤料层的过滤效能与水头损失。

3. 彗星式纤维滤料

前面讲过新的技术都是从已有技术中产生的，即将已有技术组合产生"组合进化"，彗星式纤维滤料就是滤料组合进化的一个很好例子。

彗星式纤维滤料本质是将截污性能好的纤维滤料与反冲洗效果好的颗粒滤料进行组合，形成一种全新的过滤材料。之所以称为彗星式纤维滤料是因为其形状为颗粒状的滤料，同时又像彗星一样拖着长长的"尾巴"纤维，如图 7-16 所示。该过滤材料的特点是一端为松散的纤维丝束，又称"彗尾"，另一端纤维丝束固定在密度较大的"彗核"内。过滤时，密度较大的"彗核"起到了对纤维丝束的压实作用，同时，又由于"彗核"的尺寸较小，对过滤断面空隙率分布的均匀性影响不大，从而提高了滤床的截污能力。它既具有过滤时滤层空隙率从上至下自然变小的"理想滤料"特点，又具有反冲洗时滤料充分散开，并且在滤器中"分层反洗"的特点，形成了一种全新的过滤技术。

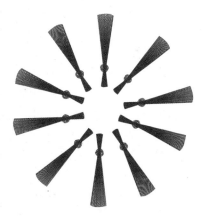

图 7-16　彗星式纤维滤料

4. 改性滤料

不同类型的污水对滤料的吸附性质有不同的要求，因此推动了改性滤料的发展。改性滤料是基于迁移和吸附机理发展起来的一种技术，是通过物理或化学反应将改性剂粘附在滤料载体表面上，以改变滤料表面的物理化学性质，从而提高对某些特定污染物的吸附拦截能力。滤料经改性后，其表面性质发生了很大改变，增大了比表面积，增加了表面吸附位点，对不同污染物的吸附作用机理也不同。研究表明，改性滤料可以在近乎中性 pH 的条件下吸附去除水中微量的重金属离子，其机理主要是化学吸附、离子交换吸附、表面络合和离子沉淀。

改性颗粒滤料的载体通常为石英砂、天然沸石、陶粒等，根据改性剂成分的不同，可吸附截留水体中的有机物、细菌、油类、藻类、重金属离子等，有效改善过滤出水水质。在吸附去除不同污染物时改性滤料的作用机制是不尽相同的，但均是对滤料表面进行改性，达到去除水中污染物的目的。改性滤料克服了传统滤料比表面积小、吸附容量低等问题，打破了传统滤料的过滤模式，提高了滤料对水中污染物的物理、化学吸附能力和截留效果，无需增加额外设备，即可有效去除水中的污染物，操作简便，绿色环保，适合我国水处理工程现状。

7.2.4 滤池进化中的发明原理剖析

1. 快滤池中反冲洗系统的发明原理

快滤池利用滤层中粒状材料所提供的表面积，而不是利用滤料的筛除作用，截留水中经过混凝处理的悬浮固体。在过滤时，由于砂粒表面不断粘着絮体，使砂粒间的孔隙减小，水流的阻力不断增长，当过滤的水头损失达到最大值时，如果滤池继续运行，过滤的速度将大大低于预定值，也就是出现滤池堵塞问题。

为了解决滤池堵塞的问题，可以从 TRIZ 思维的角度来看待并解决它。为改善慢滤池滤速慢、处理效率低的情况，应加强"滤速"这一参数，但同时也导致了"堵塞"这一有害的结果，而这对矛盾恰是 TRIZ 中的一对技术矛盾。

为了解决这对技术矛盾，从 39 个通用参数中去寻找这两个参数。首先，在慢滤池升级为快滤池这一技术变革中，改善的参数是过滤速度即净水的生产效率，由此定位到第 39 个参数——生产率。与此同时，由于滤料表面粘附絮体，导致了滤池孔隙堵塞变小，由此可以定位到第 30 个参数——作用于物体的有害因素。

确定了改善和恶化的两个参数之后，就可以根据前面章节所述的解决技术矛盾的方法——矛盾矩阵来解决这个问题。

通过查阅矛盾矩阵表可知，解决这一问题可以参考 40 条发明原理中的第 22、35、13、24 条原理（表 7-4）。其中第 13 条发明原理便是——反向作用原理，即用相反的动作来代替问题定义中所规定的动作。

部分矛盾矩阵表 表 7-4

改善的参数 ╲ 避免恶化的参数	28 测量精度	29 制造精度	30 作用于物体的有害因素
39 生产率	1,10,34,28	18,10,32,1	22,35,13,24

于是，根据反向作用原理，工程师们便在快滤池中设计添加了反冲洗系统。

反冲洗是用滤后的清洁水对滤料进行清洗，反冲洗时水流方向和过滤时完全相反，利用水流的冲击作用和滤料间的摩擦去掉滤层在工作时间内所截留的悬浮固体，如图 7-17 所示。从停止过滤到冲洗完毕，一般需 20～30min，在这段时间内，滤池停止生产，冲洗所消耗的清水，约占滤池该工作周期产水量的 1%～3%。冲洗完成后，又重复过滤过程。

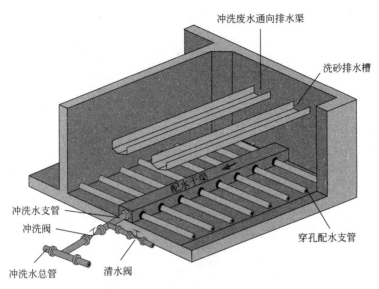

冲洗废水通向排水渠

洗砂排水槽

配水干渠

穿孔配水支管

冲洗水支管

冲洗阀

冲洗水总管　　清水阀

图 7-17　反冲洗配水系统

正是由于加入了反冲洗系统这一"反作用"步骤，使得快滤池中滤池堵塞这一问题得到了良好解决，从而提高了快滤池的可用性。也正是因为反冲洗系统的出现，快滤池的有害功能得到了降低，才使得滤池的发展变革朝着"提高理想度"的方向前进了一步。

2. 压力滤池的发明原理

在滤池运行过程中，由于滤料表面会不断粘附水中的杂质使得滤料间隙逐渐堵塞、水头损失不断增加，因此会导致滤池过滤速度逐渐变慢，甚至会出现负水头使溶解于水中的气体释放出来，形成气囊将轻质滤料向上带走的现象。

为了解决这一问题，可以从 TRIZ 创新思维的角度来进行考虑。

这次，我们尝试使用物场模型。在过滤过程中，存在的三个基本要素分别是：待过滤的水、滤料、重力场。当过滤进行时，水在重力场的作用下流过滤料间隙得到净化，从而实现"过滤"这一特定功能。其中水在重力场的作用下被过滤是"有用功能"，但滤料间隙被水中杂质堵塞是一个"有害功能"，因此要解决的问题属于一个有害效应的完整功能模型。根据前面章节所述内容，对有害效应的完整功能模型，其中的一种一般解法便是引入另外一个场来抵消原来的场的有害效应。

因此，根据物场模型的原理，人们设计出了用压力场来替代重力场的压力滤池。

压力滤池是指在密闭的容器中使用泵加压进行压力过滤的滤池，如图 7-18 所示。其主体一般是一个密闭的钢罐，里面装有和快滤池相似的配水系统和滤料等，是在压力下进行工作的。在工业给水处理过程中，它常与离子交换软化器串联使用，过滤后的水往往可以直接送到用水装置。

它的类型主要分竖式和卧式两种，一般直径不超过 3 m。常用无烟煤和石英砂双层滤料，处理含油废水也可用表面疏水的核桃壳作滤料。外部安装有压力表、取样管，及时监控水头损失和水质变化。滤池顶部还设有排气阀，以排除池内和水中析出的空气。尽管压力滤池存在上述优点，但也同时存在清砂不方便、耗费钢材多而导致建造成本高等缺点。

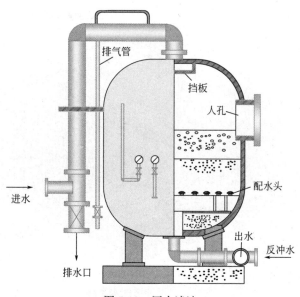

排气管

挡板

人孔

配水头

进水

出水　反冲水

排水口

图 7-18　压力滤池

7.3　沉淀池在水处理过程中的变革及其发明原理剖析

本节首先介绍了沉淀池技术的起源，使用沉淀池进行固液分离来处理污水的想法，是受到自然沉淀现象的启发而产生的。之后以沉淀池进化的关键方向——提高表面负荷为主要线索讲述了沉淀池技术的发展变革历程，为了提高沉淀池的表面负荷，沉淀池技术先后经历了从最初表面负荷较低的平流式沉淀池到斜板（管）沉淀池、迷宫式斜板沉淀池，再到水平管沉淀池、磁混凝沉淀等沉淀技术的发展变革。在朝着提高表面负荷这一目标发展进化的过程中，也出现了负荷增大导致产泥量增加的副作用，需要改进排泥方式来处理大量的污泥，因此排泥方式的改变作为另一条线索贯穿了沉淀池的发展过程。最后，本节结合了 TRIZ 的矛盾解决方法，对平流式沉淀池和斜板（管）沉淀池的发明原理进行了探讨与分析。

7.3.1　沉淀池技术起源

沉淀是指水中固体颗粒因重力作用而从水中分离出来的过程，在自然界中沉淀现象广泛存在，例如墨水久置后固体会沉积、浑浊水久置后上层会澄清等。受到自然沉淀现象的启发，设计了沉淀池这一类构筑物处理污水。

7.3.2　沉淀池进化的关键方向

与前文类似，在沉淀池技术的发展变革过程中，也有一个贯穿始终的重要参数——表面负荷。所谓表面负荷是指沉淀池单位沉淀面积上承受的水流量，而无论是从技术进化的层面还是从发明思维的角度，提高表面负荷都是沉淀池技术进化的最主要方向，其他参数的进化也只是为表面负荷这个关键参数的进化服务。

1. 平流式沉淀池

平流式沉淀池是最简单也是目前我国大中型给水厂使用最广泛的池型,具有结构简单、管理方便、耐冲击负荷强等优点。

平流式沉淀池由进出水口、水流部分和污泥斗三个部分组成,如图 7-19 所示。池体平面为矩形,进出口分别设在池两端,进口一般采用淹没进水孔,水由进水渠通过均匀分布的进水孔流入池体,进水孔后设有挡板,使水流均匀地分布在整个池宽的横断面;出口多采用溢流堰,以保证沉淀后的澄清水可沿池宽均匀地流入出水渠。堰前设浮渣槽和挡板以截留水面浮渣。水流部分是池的主体,池宽和池深要保证水流沿池的过水断面布水均匀,依设计流速缓慢而稳定地流过。污泥斗用来积聚沉淀下来的污泥,多设在池前部的池底以下,斗底有排泥管,定期排泥。

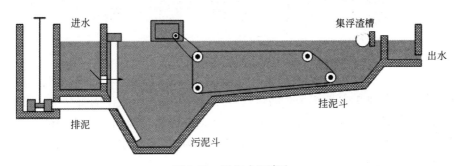

图 7-19　平流式沉淀池

2. 斜板(管)沉淀池

如果想要提高表面负荷,那么就需要增大单位面积上的水流量,也就是需要提高水流的速度,但过快的水流速度会导致水中的颗粒来不及沉淀到池底便随水流出,从而使出水水质恶化,这便形成了一对矛盾。因此,如果想要提高沉淀池表面负荷,很重要的一点就是需要提高沉淀效率使得高流速情况下水质也能达标。

在沉淀池向着提高表面负荷的方向进化过程中,有如下两条重要理论提供了指导:

(1) 理想沉淀池理论

沉淀区若符合以下假定,则称为理想沉淀区。

1) 进水均匀地分布于沉淀区的始端,并以相同的流速水平地流向末端;

2) 进水中颗粒杂质均匀地分布于沉淀区始端,并在沉淀区内进行着等速自由沉降;

3) 悬浮颗粒落到池底后便认为已被除去,不再重新悬浮进入水中。

(2) 浅池理论

自从哈真 1904 年提出了理想沉淀池理论以后,数十年来,为了提高沉淀池的效率,曾作了种种努力。按照理想沉淀池原理,在保持截留沉速和水平流速都不变的条件下,减小沉淀池的深度,就能相应地减少沉淀时间和缩短沉淀池的长度。所以该理论又称作"浅池理论"。

为了提高表面负荷,以浅池理论为指导,发展出了一系列沉淀池形式,斜板(管)沉淀池就是其中重要的一种。

斜板(管)沉淀池是把与水平面成一定角度(一般为 60°)的众多斜板(管)组件置

于沉淀池中，如图 7-20 所示。水流可从下向上或从上向下流动，颗粒则沉于底部，而后自动滑下。

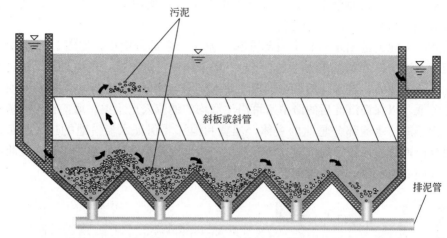

图 7-20　斜板（管）沉淀池

斜板（管）沉淀池的每两块平行斜板（管）间相当于一个很浅的沉淀池，使被处理的水（或废水）与沉降的污泥在沉淀浅层中相互运动并分离。运用"浅池理论"，缩短颗粒沉降距离，从而缩短了沉淀时间，并且增加了沉淀池的沉淀面积，提高了处理效率。

3. 迷宫式斜板沉淀池

迷宫式斜板沉淀池是在常规沉淀的理论基础上改进发展而来的一种新型、高效沉淀工艺，如图 7-21、图 7-22 所示。在沉淀效率上是平流式沉淀池的 40～50 倍，是斜板沉淀池的 5 倍，是斜管沉淀池的 2～3 倍。

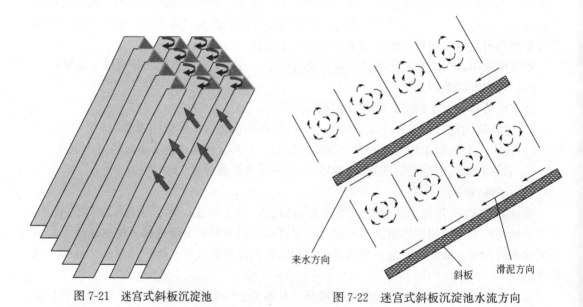

图 7-21　迷宫式斜板沉淀池　　　　图 7-22　迷宫式斜板沉淀池水流方向

当含有絮凝颗粒的水进入翼片后，一部分沿着主流区方向前进，另一部分进入涡流区。在主流区运动的絮凝颗粒一面向前运动，一面因重力作用而沉降，当沉降至涡流区时，絮体颗粒会随涡流一起运动而向前输送，当涡流与该翼片顶部发生碰撞时，其中一部分进入翼片槽内，一部分与主流一起向下流动进入下一翼片槽内，在翼片槽内的颗粒，随着槽内的环流缓慢运动，碰撞后沿翼片下滑至排泥斗，带有絮体颗粒的水流，如此经过若干翼片槽的作用后，流体中絮体颗粒的浓度会呈指数形式下降直至降到某一数值后便平缓下降，沉降下来的泥浆经压滤机压干水分后，泥饼再另行处置。

4. 水平管沉淀池

斜管沉淀池中异向流斜管水流速度与絮体下滑速度相差较小，导致其耐冲击负荷能力低。水流在流经斜管过程中，水的进口端亦是絮体的出口端，絮体在管内堆积呈现由上至下依次增多的状态。进口端絮体量最多，占据了一定的管截面积，导致此处水流速度最大，沿管长方向水流速度呈递减状态，水流经斜管是一个变速过程。由于进水端口水流速度最大，絮体滑出端口难度较大，当管束中有一根管道发生堵塞时会导致其他管道中水的流速增加，当其大于絮体速度时，其他管道产生连锁反应，随即出现堵塞和跑矾、出水浊度超标、运行状态恶化的现象。

针对斜管（板）沉淀池中由于泥水在同一空间而使泥水不能较好分离的不足，珠海九通水务股份有限公司研发了一种水平管沉淀分离装置，如图 7-23 所示，通过将沉淀管水平放置，使水平行流动，悬浮物垂直沉淀，在不改变沉淀池中水流方向的情况下实现水与悬浮物分流，即水走水道、泥走泥道，使沉淀方式更加接近"浅池理论"，杜绝了悬浮物堵塞管段及沉淀池中跑矾（泥）的现象发生，提高了沉淀效率，同时降低污泥含水率。

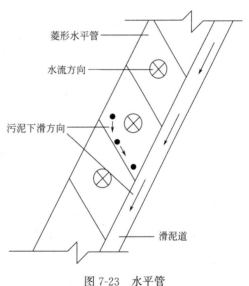

图 7-23　水平管

5. 磁混凝沉淀技术

提高沉降效率有两种方法，一种是缩短颗粒的沉淀距离、增大沉淀池面积，斜板（管）沉淀池属这一类。第二种就是增大絮体颗粒的下沉速度，可以通过采用高效絮凝剂和优化絮凝工艺来实现，磁混凝沉淀技术就属于这一种。

所谓磁混凝沉淀技术就是在普通的混凝沉淀工艺中同步加入磁粉，使之与污染物絮凝结合成一体，以加强混凝、絮凝的效果，使生成的絮体密度更大、更结实，从而达到高速沉降的目的，如图 7-24 所示。磁粉可以通过磁鼓回收循环使用。

磁混凝工艺是普通混凝沉淀工艺的升级，其表面负荷可达 $20\sim40\text{m}^3/(\text{m}^2 \cdot \text{h})$，出水固体悬浮物浓度（SS）和总磷（TP）可以直接达到城镇污水处理厂一级 A 排放标准。整个工艺的停留时间很短，因此对包括 TP 在内的大部分污染物，出现反溶解过程的概率非常小，另外系统中投加的磁粉和絮凝剂对细菌、病毒、油及多种微小粒子都有很好的吸附作用，因此对该类污染物的去除效果比传统工艺要好。同时由于其高速沉淀的性能，使其与传统工艺相比，具有速度快、效率高、占地面积小、投资小等诸多优点。

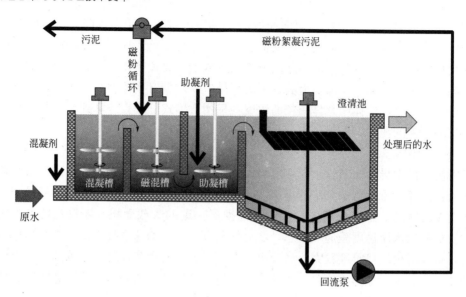

图 7-24　磁混凝沉淀工艺流程图

综上所述，沉淀池技术大致经历了如图 7-25 所示的一系列发展，目前的沉淀池技术已经能达到较好的沉淀处理效果。从组合进化的角度来看，笔者认为未来水平管沉淀池与磁混凝技术相结合或许是一个重要方向。

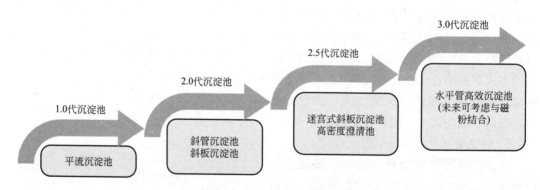

图 7-25　沉淀池技术的发展

7.3.3　减轻提高表面负荷的副作用

提高沉淀池表面负荷，除了会产生沉淀不足导致的水质变差问题，还会导致污泥过多的问题。因为提高表面负荷就是要提高水流量，而过多的流量必然会造成过多的沉降污泥，因此为了服务沉淀池表面负荷的提高，排泥设备也需要进行改进发展。

1. 钢丝绳牵引式刮泥机

钢丝绳牵引式刮泥机是一种利用钢丝绳驱动刮泥机往复移动的刮泥设备，如图 7-26 所示，主要适用于水厂平流沉淀池、斜管沉淀池、浮沉池底部的污泥的刮集与排除。驱动装置位于水上方便检修，水下部分为活动刮泥小车。

两台刮泥桁车（如多台设备，则为偶数台桁车）设置在池底的轨道上，一台在刮泥行程的终端，一台在刮泥行程的起点，每台刮泥桁车的首端用钢丝绳与牵引机构的卷绳筒相

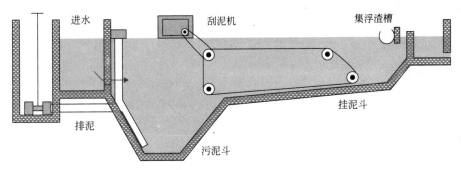

图 7-26　钢丝绳牵引式刮泥机

连，两台桁车尾部用钢丝绳相连，组成一个运行链，单向或双向刮泥。当电机顺时针旋转时，其中一个卷筒顺时针旋转，卷绕钢丝绳，另一个卷筒逆时针旋转，释放钢丝绳，在卷绕钢丝绳的牵引下，两个桁车同时交错运行，速度相同但方向相反，实现刮集沉淀池底部污泥的作用。

2. 行车式刮泥机

行车式刮泥机是用于污水处理厂的平流式沉淀池的吸排泥设备，如图 7-27 所示，根据要求，可增设撇渣的装置。

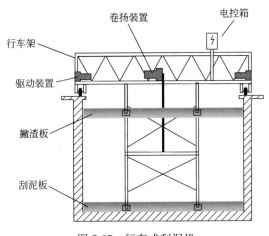

图 7-27　行车式刮泥机

当不工作时，刮泥机停在进水端；当工作时，刮泥机在指令下，顺水流行驶，先放下撇渣板，刮集浮渣并撇向池端钢制撇渣槽内；反向行驶时，撇渣板提升，离开液面以防浮渣逆行；通过控制电磁阀换向阀，使冲洗水进入钢制撇渣槽内；池底泥水则由吸管（通过虹吸或泵吸）将其排入池边集泥槽内，进行下一步处理，依次做往返工作运动，从而达到吸泥、排泥、撇渣的目的。

3. 周边转动刮泥机

周边转动刮泥机一般常用于辐流式沉淀池。

辐流式沉淀池为一个圆形的扁平池子，由池中心进水，水在池中沿半径方向向四周流动，水中的悬浮物沉到池底，沉淀后的水由池四周流出，如图 7-28 所示。辐流式沉淀池中一般设置旋转的周边转动刮泥机（图 7-29），可将沉至池底的泥用刮泥板刮到池中心的积泥坑，再经排泥管排出池外。

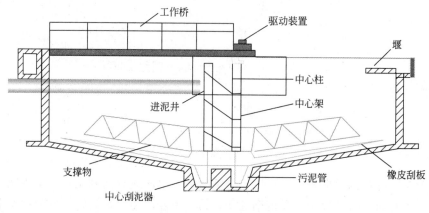

图 7-28　辐流式沉淀池

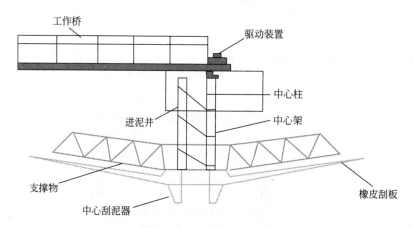

图 7-29　周边转动刮泥机

　　周边转动刮泥机工作时，污水由中心支墩处经导流筒扩散，混合液中粗大的颗粒经沉淀后在池底形成污泥层，相对密度较小的浮于液面，工作桥在周边驱动机构带动下，沿中心支座缓慢旋转，带动刮臂刮板将污泥逐层由池周刮向中心集泥孔排出池外，浮渣刮板沿导流筒将浮于液面的浮渣抛向池周的排渣斗内，排出池外。

7.3.4　沉淀池进化中的发明原理剖析

1. 平流式沉淀池的发明原理

　　无论是在絮凝池还是曝气池中，都是希望池中的水与混凝剂或活性污泥能够充分接触，混合得越均匀越好，因为只有混合足够均匀，混凝剂或活性污泥才能充分发挥作用。但是，在反应过后，又希望水能够与泥或颗粒分开且分离越彻底越好，因为出水中含有过多的颗粒或污泥显然不符合出水的水质要求。因此，在这个工艺要求中就形成了一对物理矛盾，即既希望泥水充分混合，又希望泥水彻底分离。

　　根据 TRIZ 思维关于物理矛盾的解法，可以确定泥水分离的矛盾属于空间分离原理所能解决的范畴，即将矛盾双方在不同的空间分离开来，以获得问题的解决或降低问题的难度，空间分离原理相对应的发明原理见表 7-5。

空间分离原理对应的发明原理　　　　　　　　　　　　　　表 7-5

分离方法	发明原理	分离方法	发明原理
空间分离	1. 分割原理	空间分离	14. 曲面化原理
	2. 抽取原理		17. 维数变化原理
	3. 局部质量原理		24. 中介原理
	4. 不对称原理		26. 复制原理
	7. 嵌套原理		30. 柔性壳体或薄膜原理
	13. 反向作用原理		40. 复合材料原理

在表 7-5 中所列的发明原理中，选择第 3 条原理即局部质量原理作为参考，局部质量原理认为，在一个系统中可以利用系统各部分的不同性质解决矛盾。而在泥水分离的矛盾中，泥与水最重要的不同性质就是它们的密度不同，泥或颗粒的密度要远大于水的密度。因此，根据这一不同特点便设计出了不同类型的沉淀池，平流式沉淀池便是其中最简单的一种。

平流式沉淀池虽然具有施工简单、造价较低和沉淀效果好等优点，但也存在配水不均匀、表面负荷较低等明显缺点。

2. 斜板（管）沉淀池的发明原理

根据"浅池理论"，显然在沉淀池的设计中将池深设计得越小越好，然而实际中却很难将沉淀池设计得特别浅，因为如果池深过浅，那么当池中水流流动时就很容易将池底已经沉积的污泥带起上浮从而在出水口处随水流出，造成出水质量恶化，同时池体浅也意味着占地面积的增大。

希望池深越小越好与池深过小会带泥上浮这一矛盾依然也属于 TRIZ 思维中的物理矛盾，并且该矛盾应该应用四大分离原理中的空间分离原理。空间分离原理所对应的发明原理见表 7-5。

其中，第 17 条原理即维数变化原理可以作为参考，维数变化原理认为，可以将物体倾斜或侧向放置以及可以将单层排列的物体变为多层排列来解决矛盾，例如立体停车场的设计便体现了这一原理。因此，根据维数变化原理，设计出了斜板（管）沉淀池很好地解决了上述矛盾。

斜板、斜管沉淀池利用了层流原理，提高了沉淀池的处理能力，具有以下优点：水力条件好，水流雷诺数降至 200 以下；缩短了颗粒沉降距离，从而缩短了沉淀时间；增加了沉淀池的沉淀面积，提高了处理效率。但由于停留时间短，斜板（管）沉淀池的抗冲击负荷较差，并且容易堵塞，因此对混凝单元的要求较高。

参考文献

[1] 冯成军，蒋岚岚，梁汀，等 . 污水处理厂格栅设备综述 [J]. 环境工程，2015，33（S1）：941-945.

[2] 李圭白，张杰 . 水质工程学（上册）[M]. 3 版 . 北京：中国建筑工业出版社，2021.

[3] 苏伊士水务工程有限责任公司 . 德利满水处理手册 [M]. 北京：化学工业出版社，2021.

第8章   生物法水处理技术创新与变革

　　生物法水处理技术主要是利用微生物的生物降解能力，将水中的有机物、无机物等转化为无害或低毒性的物质。这种方法是通过生物降解、吸附、转化等多种作用方式使水质达到预期的处理效果。生物法水处理技术的核心是微生物的选育、培养和运用，通过提供适合的微生物生长条件和环境因素，实现对污水中污染物的有效去除。

　　在第7章中主要探讨了水处理系统中的初级处理也称一级处理，通过一级处理去除了漂浮或容易因重力而沉降的杂质，主要包括筛选、粉碎、除砂和沉淀等物理过程。然而污水中不仅含有大量的易去除的杂质，还包括许多溶解态、悬浮态、胶体态等有机物质，甚至包含一些源于工业废水的特定化合物等，这些物质难以通过一级处理去除，此时便需要二级处理即生物处理，这也就引出了本章的主要内容。生物法水处理技术的起源可以追溯到19世纪末，自1912年Gilbert Fowler到曼彻斯特考察发现"M7"细菌，到1913年Gilbert Fowler与Edward Ardern、William Lockett开展实验，将"M7"与曝气相结合并保留了沉淀的污泥，自此生物处理法正式诞生，成为污水处理一个划时代的进步。

　　随着20世纪初期微生物学和环境工程学的研究，生物法水处理技术逐渐成为一门独立的学科。经过数十年的发展，生物法水处理技术取得了世界范围的认可，成为解决水污染问题的主要方法之一。

　　正如本书第2章所述，技术是不断进化的，任何一个系统都不是完美的，随着时代的进步，需求的提高，对系统的要求也随之而变。生物法水处理技术在应对复杂污染物、高浓度难降解有机物、冬季低温条件等方面仍存在一定的局限性。此外，运行成本、能耗和处理效率之间的平衡也是生物法水处理技术需要克服的挑战之一。依据微生物对氧气的需求，水的生物处理可以分为好氧生物处理和厌氧生物处理，依据微生物的生存状态，通常可以分为分散生长和聚集生长，分散生长以悬浮污泥为主，聚集生长包括生物膜法、颗粒污泥等。这些生物处理系统中大量存在的物理矛盾和技术矛盾，迫使人们使用TRIZ创新思维去解决，从而满足功能端的需求。

8.1　生物滤池在污水处理过程中的变革及其发明原理剖析

　　在本节中，首先为大家介绍生物滤池技术的起源，生物滤池的出现是受到土壤自净现象的启发而发展起来的。之后以生物滤池进化的关键方向——提高负荷为主要线索，讲述了生物滤池技术的发展变革历程。为了提高负荷，生物滤池经历了从最初负荷较低的普通生物滤池到高负荷生物滤池再到塔式生物滤池、曝气生物滤池等新型生物滤池的发展变革。在朝着提高水力负荷和生物负荷这一目标发展进化的过程中，出现了由于处理速度加快而导致出水水质变差的副作用，需要改进生物滤池填料来改善这个情况，因此填料作为另一条线索贯穿了生物滤池的发展过程。最后，本节结合了 TRIZ 的矛盾解决方法，对高负荷生物滤池和塔式生物滤池的发明原理进行了剖析。

8.1.1　生物滤池技术起源

生物滤池是以土壤自净原理为依据，在污水灌溉的实践基础上，发展起来的人工强化的生物处理技术，距今已有百余年的发展历史。1893 年英国将污水在粗滤料上喷洒进行净化试验，取得良好的效果。1900 年以后，这种工艺得到公认，命名为生物过滤法，处理构筑物则称为生物滤池（或滴滤池），开始用于污水处理实践，并迅速在欧洲一些国家得到应用，由于负荷低、占地面积大及易堵塞等原因，20 世纪 40～50 年代被活性污泥法所取代。20 世纪 60 年代以后，随着新型生物填料的大量开发与应用，生物滤池技术焕发出新的生命力。

8.1.2　生物滤池进化的关键方向

生物滤池的处理对象一般是经过预处理（沉砂、初沉等）的城市污水，污水组分复杂，包括大量的有机物、悬浮颗粒、胶体和病原微生物等，也包括一定的溶解性有机与无机污染物。与给水过滤依靠物化作用截留颗粒物不同，污水中的过滤以生化处理（生物吸附、降解等）去除可降解有机物为主要目的，同时也具有一定的去除颗粒物的作用。普通生物滤池也称为滴滤池，是早期出现的生物滤池类型，如图 8-1 所示，其水力负荷一般为 $1\sim3m^3/(m^2\cdot d)$，BOD_5 负荷为 $0.15\sim0.3kg/(m^3\cdot d)$，负荷较低。

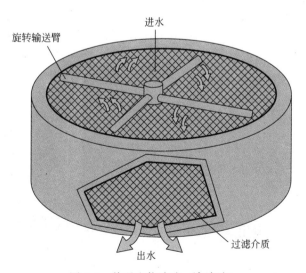

图 8-1　普通生物滤池（滴滤池）

污水过滤处理的过程中，追求高的有机负荷率，能够降低滤池的投资和运行成本，因此生物滤池最重要的一个进化方向就是提高水力负荷和有机负荷。

1. 高负荷生物滤池

高负荷生物滤池是在对普通生物滤池改进的基础上提出的，如图 8-2 所示，通过采取处理水回流稀释进水 BOD_5（要求进水值＜200mg/L）的技术措施，实现了高速过滤，大幅度提高了滤池的负荷，其 BOD_5 容积负荷可为普通生物滤池 6～8 倍，水力负荷则高达 10 倍。

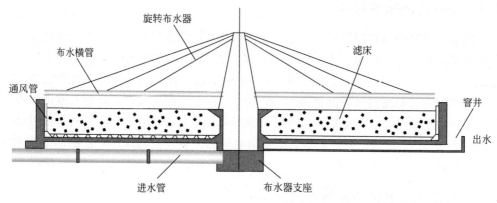

图 8-2　高负荷生物滤池

高负荷生物滤池在平面上多为圆形，广泛使用由高分子聚合物为材料的人工滤料，多采用旋转式布水。该工艺适合于处理水质水量变化较大的污水，通过处理水回流，稀释了进水浓度又增大了冲刷生物膜的力度，保持其活性，防止堵塞。负荷高、占地面积小是高负荷生物滤池的主要优点，但出水水质比普通生物滤池差，出水 BOD_5 常大于 30mg/L。

2. 塔式生物滤池

塔式生物滤池是近 30 年来在生物滤池的基础上，参照化学工业中的填料洗涤塔方式发展而来的一种新型高负荷滤池，池体高，有抽风作用，可以克服滤料空隙小所造成的通风不良问题。由于滤池直径小，高度大，形状如塔，故称为塔式生物滤池，如图 8-3 所示。在平面上多呈圆形，由塔身、滤料、布水系统以及通风和排水装置构成。

该工艺的主要特点是高负荷，高有机负荷下生物膜生长迅速，同时高水力负荷也使得生物膜受到强烈的水力冲刷，从而使生物膜不断脱落、更新。塔式生物滤池占地面积小，由于滤料分层而抗冲击负荷能力较强。但是地势平坦地区污水提升费用高，且由于滤池较高，运行管理不便。

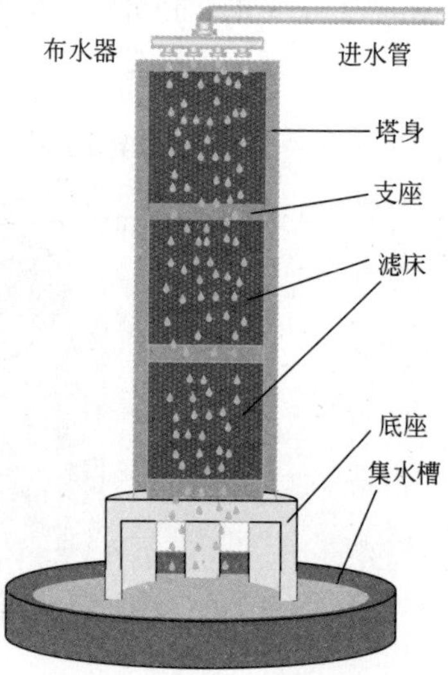

图 8-3　塔式生物滤池

3. 曝气生物滤池

曝气生物滤池是 20 世纪 80 年代末在普通生物滤池的基础上，将生物接触氧化工艺与过滤工艺进行有机结合，采取人工曝气强化有机物及氨氮的去除，而开发的集生物降解和固液分离于一体的污水处理工艺，如图 8-4 所示。曝气生物滤池最初用于污水的深度处理，后来也用于污水二级处理。曝气生物滤池技术采用人工曝气代替自然通风来强化氧气的传递，同时使用粒径更小、比表面积更大的滤料，进一步提高了生物量，显著提升了生物滤池的处理性能和稳定性。

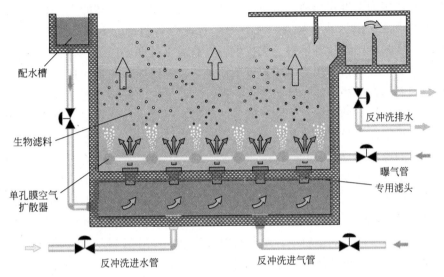

配水槽

生物滤料

单孔膜空气
扩散器

反冲洗排水

曝气管
专用滤头

反冲洗进水管　　　　　　反冲洗进气管

图 8-4　曝气生物滤池

曝气生物滤池采用周期运行，从开始过滤到反冲洗完毕为一个完整的周期。按照进水方式，曝气生物滤池分为下向流和上向流两种，经过预处理的污水从滤池顶部（或底部）进入，在滤池底部进行曝气，气水处于逆流（或顺流）状态。下向流曝气生物滤池因为截污效率不高、运行周期短，目前逐渐被上向流曝气生物滤池所取代。上向流曝气生物滤池具有不易堵塞、冲洗简便、出水水质好的优点，工程应用更为广泛。

此外最重要的是曝气生物滤池具有更高的生物浓度和更高的有机负荷。通常采用 3～5mm 的小粒径滤料，比表面积大，为微生物提供了更佳的生长环境，易于挂膜，在填料表面保持较多的生物量，从而单位体积的微生物量远远大于活性污泥法曝气池中的微生物量。高浓度的微生物量使得曝气生物滤池具有很高的有机负荷，BOD_5 负荷可达到 $5～6kg/(m^3 \cdot d)$，为传统活性污泥法和接触氧化法的 6～12 倍。

8.1.3　减轻提高负荷的副作用

与给水滤池类似，在提高生物滤池处理负荷的同时，由于水力停留时间的缩短和生物膜的快速生长与脱落更新，所以也存在着出水质量变差的情况。对于这一问题，主要有两种解决方案，一种是通过改进滤池填料来增强截留杂质的能力，另一种则是通过改进滤池的反冲洗方式来增强传质效果。通过这两种解决方案，可以有效解决出水质量变差的副作用问题。

1. 改进填料

填料作为生物滤池的核心构件，不仅为微生物提供栖息繁殖的场所，而且起着截留悬浮物质的作用，既关系生物滤池的微生物含量和传质效果，还直接影响生物滤池的运行效能及技术经济合理性。随着跨学科技术的组合进化，生物、化工、材料等领域的研究成果不断为填料研发带来新的契机。

（1）填料的材质

填料的材质主要分为无机和有机两大类。无机填料密度较大，为沉没式填料，而有机填料密度较小，多为上浮式填料。常见的无机填料有利用页岩、高岭土、黏土烧制成的陶粒、瓷粒填料，由火山岩、石灰岩、沸石等矿石破碎后制备的不规则颗粒填料，以及焦炭、活性炭、膨胀硅铝酸盐等填料。无机填料具有成本低廉、稳定性高、生物兼容性好等优点。常见的有机填料为利用聚丙烯、聚苯乙烯、聚氯乙烯等制备的高分子填料，这类填料密度小，因而具有反冲洗能耗低的优点，但价格较昂贵。此外，还有研究者尝试利用生物资源作为滤池填料。例如用竹子制成的竹球填料，还有用牡蛎壳制作的填料。不过该类填料的强度、稳定性是否能满足长期运行的需要尚有待验证。

（2）填料的形状

根据材质特点，开发出了多种形状的填料，如规则及不规则粒状、圆形辐射状、蜂窝管状、片状、束状、球状等。以天然岩石和废弃贝壳制成的填料多为不规则粒状，陶粒和瓷粒填料多为球状或规则粒状。为均匀水气分布和解决填料堵塞，也有反应器采用片状或波纹板填料。在诸多形状的填料中，粒状填料最早出现且沿用至今，在实际应用和实验研究中也最为常见，球状填料的水力学特性最优，也较为常见。

对于生物滤池中填料的发展，结合其他学科的最新研究成果，开发低密度、低成本、高强度、高性能、具有较大比表面积和较小水头损失的填料将是生物滤池填料发展的主流方向。

2. 改进反冲洗方式

由于生物滤池的自身特点，所以在提高有机负荷和水力负荷之后，填料表面的生物膜会快速生长，生物膜生长变厚之后，氧气及有机物的传质效果会变差且滤池孔隙易被堵塞，因此需要改进反冲洗方式以冲刷生物膜及杂质，解决传质效果差及堵塞问题，如图 8-5所示。

（1）气水反冲洗

气水反冲洗过程中综合了空气剪切摩擦和水流剪切摩擦，以及填料颗粒间碰撞摩擦的多重作用，反冲洗水使滤料略有流化以减小滤料间的摩擦阻力，气流使滤层底部进入的小气泡合成不易分散的大气泡穿越滤层，由于气泡较大，对滤层扰动范围也较大，增强了滤料间的碰撞摩擦，同时气流还强化了水流的剪切和碰撞作用。总之，气泡高速浮升产生的泡振作用和气泡尾迹的混掺作用，以及气泡在浮升过程中出现的尾迹效应是气水反冲洗效果较佳的主要原因。

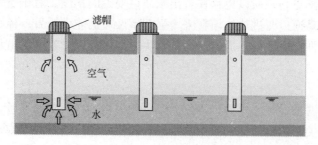

图 8-5　气水反冲洗

（2）脉冲反冲洗

脉冲反冲洗是脉冲气冲和连续水冲的组合，一定强度的反冲气流瞬间进入滤层，与连续水流共同使滤层处于变速膨胀状态。生物膜及杂质在强烈的剪切碰撞作用下快速脱落，瞬间气流脉冲过后，当膨胀滤层逐渐稳定并沉降，尚未达密实状态时再次进行通气，于是滤层又开始另一周期剧烈的状态变化。其中水流始终起到均匀反冲并漂洗滤层的作用，频繁操作的结果是使滤层始终处于气水反冲过程的第一阶段，强化了反冲过程，从而在耗水耗气量小的情况下保证了较高的反冲效率。

8.1.4　生物滤池进化中的发明原理剖析

1. 高负荷生物滤池的发明原理

普通生物滤池，适用于污水量不高于 $1000m^3/d$ 的小城镇污水或有机性工业废水，因其处理原水负荷较低，所以运行稳定且剩余污泥少。但较低的负荷也导致生物滤池占地面积太大，不适合处理水量大的情景，因此传统的生物滤池不能满足当今人们对大规模污水处理的需求。

从 TRIZ 角度分析，提高生物滤池的负荷同样符合了技术系统进化趋势中的"提高理想度"趋势。为提升理想度，增加普通生物滤池的负荷，当然，一个系统在其实现了有用功能的同时必然存在着与其矛盾对立的有害作用。滤速提高会提升处理效率，同样的，在提高生物滤池的负荷时，其水力负荷的提高会增加流速，但有机负荷的提高会使生物膜加速生长，堵塞滤料之间的空隙。

为了解决滤池堵塞的问题，可以从 TRIZ 思维的角度来看待并解决它。为改善处理水量少、处理效率低的情况，加强了它的"原水流量"这一参数，但同时也导致了"生物膜变厚堵塞滤料"，而这对矛盾恰是 TRIZ 中的一对技术矛盾。

为了解决这对技术矛盾，从 39 个通用参数中去寻找这两个参数。改善的是"原水流量"，所以定位到第 1 个参数——"运动物体的质量"。与此同时，由于滤料表面粘附的生物膜大量生长，导致了滤池孔隙堵塞变小，由此可以定位到第 31 个参数——"物体产生的有害因素"。

确定了改善和避免恶化的两个参数之后，就可以根据前面章节所述的解决技术矛盾的方法——矛盾矩阵来解决这个问题。

部分矛盾矩阵表　　　　　　　　　　　　表 8-1

避免恶化的参数 改善的参数	31 物体产生的有害因素	32 可制造性	33 可操作性
1 运动物体的质量	22,35,31,39	27,28,1,36	35,3,2,24

通过查阅矛盾矩阵表可知，解决这一问题可以参考 40 条发明原理中的第 22、35、31、39 条原理（表 8-1）。其中第 22 条发明原理是变害为利原理，第 31 条发明原理是多孔材料原理，第 35 条发明原理是参数变化原理，第 39 条发明原理是惰性环境原理。

于是，根据变害为利原理，本来由于流量的增加才会导致堵塞的情况，通过旋转式配水，不仅把大流量进水在配水过程中的产生的反作用转化为配水干管绕中心轴旋转的动力，还通过对某一滤池表面进行周期性进入大流量水，使水力负荷增加，生物膜受到更大外部冲击，更易脱落。

根据参数变化原理，将目光投入了生物滤池重要的参数——负荷上，处理水回流措施就此产生：将生物滤池的出水部分回流至生物滤池进水口，通过控制回流比，可以在水质浓度变化大的时候稳定进水 BOD，在进水浓度过高的时候稀释进水 BOD，在进水流量小的时候补充水量，保证水力负荷相对稳定。

一切措施应用之后，高负荷生物滤池的工艺走向成熟，以可处理高负荷废水，提升处理效率，减少构筑物占地面积，滤料不易堵塞等优点而得到广泛应用。

2. 塔式生物滤池的发明原理

当提高了生物滤池中原水负荷，满足了对大中型城市污水处理的要求时，人们发现高负荷生物滤池的出水水质较普通生物滤池差，出水 BOD_5 常大于 30mg/L，这是因为普通生物滤池负荷较低，污水在滤池的停留时间长，生物膜既吸附又氧化（包括硝化）有机物，而提高了生物滤池的负荷后，大幅缩短了污水在滤池中的停留时间，所以生物膜几乎不发生硝化过程，仅靠吸附和部分氧化作用，有机物去除不彻底，只能保证一般水质的出水要求。

对于这种情况，认为可以通过增加原水与生物膜的接触时间，在进水高负荷前提下，可以通过增加生物膜与原水的接触面积来增加原水与生物膜的接触时间，然而同样的，占地面积较小的高负荷生物滤池若想提高生物膜与原水的接触面积，只能增加滤层高度，因为原水凭重力自流通过生物滤池，增加滤层的高度必将会影响空气的流通，而氧气在生物膜传质上有着重要作用，加强了它的"滤层高度"这一参数，但同时也导致了"空气流通不畅"这一有害的结果，而这对矛盾恰是 TRIZ 中的一对技术矛盾。

为了解决这对技术矛盾，继续从 39 个通用参数中去寻找这两个参数。需要改善的是"滤层高度"，由此定位到第 8 个参数——静止物体的体积。与此同时，生物膜随着滤层高度的增加而增加，导致了进入生物滤池内部的空气较少，由此可以定位到第 26 个参数——物质或事物的数量。

确定了改善和避免恶化的两个参数之后，就可以根据前面章节所述的解决技术矛盾的方法——矛盾矩阵来解决这个问题。

通过查阅矛盾矩阵表可知，解决这一问题可以参考 40 条发明原理中的第 35、3 条原理（表 8-2）。其中第 3 条发明原理便是——局部质量原理，即让各部分处于完成各自功能的最佳状态。

部分矛盾矩阵表   表 8-2

改善的参数 避免恶化的参数	25 时间损失	26 物质或事物的数量	27 可靠性
8 静止物体的体积	35,16,32,18	35,3	2,35,16

根据局部质量原理，通过将生物滤池的滤料设置为多层塔式结构，每层滤料由格栅承托，两层滤料间存在一定空间，塔底也留有一定高度空间，周围设置通风口，这种塔形的结构，使滤池内部形成较强的拔风状态，通风情况良好。

此外，滤层内部存在着明显的分层现象，在各层生长着种属各异的适应该层污水特征的微生物种群，这有利于每一层滤料上特征微生物的繁殖代谢，更有利于有机污染物的降解，使出水效果更佳。

这便是塔式生物滤池，由于它本身是由高负荷生物滤池发展而来，所以也大幅缩小了占地面积，对水质突变的适应性强。

8.2　脱氮除磷工艺在水处理过程中的变革及其发明原理剖析

本节首先介绍了脱氮除磷技术的起源，通过观察研究发现了自然界的氮循环原理与聚磷菌的聚磷机理，并利用所发现的原理开发出了脱氮除磷工艺。之后以脱氮除磷工艺进化的关键方向——降低成本为主要线索介绍了为实现脱氮除磷的经济性，并对脱氮和除磷工艺进行了思考与改进，其中主要包括从化学脱氮除磷到生物脱氮除磷、从三级生物脱氮系统到单级生物脱氮系统，再到 A/O 工艺与分段进水工艺以及一些新型工艺[1-3]。最后，由于在脱氮除磷工艺进化过程中存在很多技术矛盾与物理矛盾，所以使用 TRIZ 的矛盾解决方法对污泥龄问题、碳源竞争问题、硝酸盐问题等进行了发明原理剖析。

8.2.1　脱氮除磷技术起源

在污水脱氮中最常用到的生物脱氮工艺是起源于自然界氮的循环原理。首先，污水中的含氮有机物转化成氨氮，而后在好氧条件下，由硝化菌作用氧化为硝酸盐氮，这阶段称为好氧硝化。随后在缺氧条件下，由反硝化菌作用，并通过外加碳源提供电子供体，使硝酸盐氮还原为氮气逸出，这阶段称为缺氧反硝化。整个生物脱氮过程就是氮的分解还原反应，反应能量从有机物中获取。

而在污水除磷中最常用到的生物除磷工艺则是起源于聚磷菌的聚磷现象。聚磷菌在厌氧条件下会吸收水中的有机物，以聚-β-羟基丁酸（PHB）或聚-β-羟基戊酸（PHV）的形式贮存在体内，同时水解体内的聚磷酸盐产生能量，产生正磷酸盐并释放到水中；在好氧条件下聚磷菌利用体内贮存的聚羟基脂肪酸（PHAs）为能源和碳源，同时过量吸收水中的磷在体内形成聚磷颗粒。利用这种自然原理，开发出了多种不同类型的脱氮除磷工艺。

8.2.2　脱氮除磷工艺进化的关键方向

经济是技术的一种表达，在脱氮除磷工艺的进化过程中，最重要的一个发展方向就是不断降低工艺的运行成本，而在脱氮除磷工艺中所谓的运行成本其实主要就是药剂成本与能耗成本，因此各种脱氮除磷工艺都是朝向降低这两方面成本而产生的进化。

1. 从化学方法到生物方法

在污水处理中，无论是脱氮还是除磷，都可以使用化学方法。对脱氮而言，化学方法主要是化学沉淀法，是向氨氮污水中投加含 Mg^{2+} 和 PO_4^{3-} 的药剂，在碱性条件下使污水中的氨氮和磷以鸟粪石（磷酸铵镁）的形式沉淀出来，同时回收污水中的氮和磷。而化学除磷的基本原理是通过投加化学药剂形成不溶性磷酸盐沉淀物，然后通过固液分离将磷从污水中除去，常用于化学除磷的药剂有钙盐、铁盐和铝盐 3 种。

使用化学方法脱氮除磷虽然有工艺简单、操作简便、反应快等优点，但是其用药量很大、成本很高，不符合对降低成本的技术进化要求，因此开发出了不同的生物方法进行脱氮除磷以降低成本。

生物脱氮除磷主要是利用了上述的微生物氮循环原理与聚磷原理，由于是利用微生物的同化作用与新陈代谢作用进行氮和磷的去除，所以一般不需投加化学药剂，因此成本大大降低。

2. 从三级生物脱氮系统到单级生物脱氮系统

Barth 于 1969 年提出三级生物脱氮工艺，它是将有机物降解、硝化及反硝化 3 个生化反应过程分别在 3 个不同的反应器中进行。如图 8-6 所示，第一级曝气池，主要是去除有机污染物，同时将有机氮转化为氨氮；第二级硝化曝气池，主要是发生硝化作用，将氨氮转化为硝态氮；第三级缺氧池，主要发生反硝化作用，将硝态氮还原为氮气，最终达到将氮从水中去除的目的。

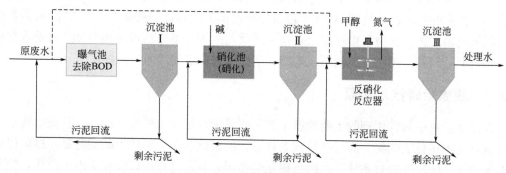

图 8-6　三级生物脱氮系统

该工艺的优点是硝化菌和反硝化菌分别生长在不同的构筑物中，均可在各自最适宜的环境中生长繁殖，运行效果较好。但是该工艺处理构筑物较多，设备较多，所以造价较高，管理复杂。同时，硝化段可能需要投加碱来调节碱度，反硝化段必须投加外碳源（如甲醇）来进行反硝化作用，进水中的碳源没有被有效利用，使得运行费用大大增加。

随着研究的不断深入，发现去除有机物和硝化作用可以在同一系统中进行，这样就可以将三级生物脱氮系统中的一级和二级合并，从而减少沉淀池个数，如图 8-7 所示，简化系统流程，减少系统基建费用。

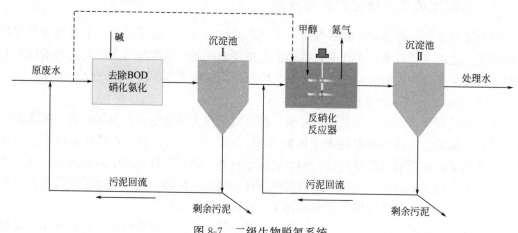

图 8-7　二级生物脱氮系统

单级生物脱氮系统又称后置反硝化脱氮系统，如图 8-8 所示。有机污染物的去除和氨化过程、硝化反应在同一反应器（好氧池）中进行，从该反应器流出的混合液不经沉淀，直接进入缺氧池，进行反硝化。所以该工艺流程简单，处理构筑物和设备较少，克服了上述多级生物脱氮系统的缺点，使得成本进一步降低。

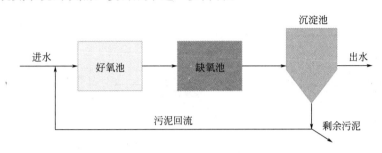

图 8-8　单级生物脱氮系统

3. A/O 工艺与分段进水脱氮工艺

以上系统都是遵循污水碳氧化、硝化、反硝化顺序进行的。这三种系统都需要在硝化阶段投加碱度，在反硝化阶段投加有机物作为碳源，使得运行费用较高。为了克服此不足，20 世纪 80 年代后期出现了前置反硝化工艺，即将反硝化反应器放置在系统前端。这种工艺有很多种形式，这里只介绍应用最广泛的前置缺氧—好氧脱氮工艺（简称 A/O 工艺），如图 8-9 所示。

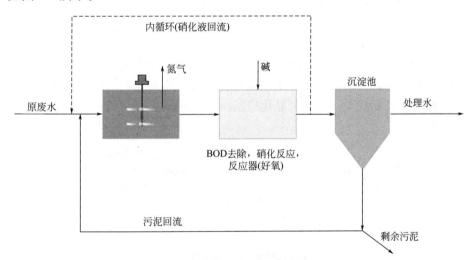

图 8-9　前置缺氧—好氧（A/O）脱氮工艺

含硝态氮的好氧池混合液一部分回流至缺氧池（称为硝化液回流或内循环），在缺氧池内，反硝化菌利用原水中的有机物作为碳源，进行反硝化作用，将硝态氮转化为氮气，从而达到生物脱氮的目的。该工艺的特点：缺氧池在好氧池之前，反硝化作用利用原水中的有机物作为碳源，无需投加外碳源；反硝化消耗了一部分有机物，减轻好氧池的有机负荷，减少好氧池需氧量；反硝化菌可利用的碳源更广泛，对某些难降解有机物有去除效果；反硝化反应所产生的碱度可以补偿硝化反应消耗的部分碱度，因此，对含氮浓度不高的废水可不必另行投碱以调节 pH。此外，最重要的优点是工艺流程简单，节省基建费用，同时运行费用低，电耗低，占地面积小。

缺氧好氧分段进水工艺是国内外近年来新开发并广泛研究的生物脱氮工艺，如图 8-10 所示，部分进水和回流污泥进入第一段缺氧区，其他进水按照一定的流量分配进入各段缺氧区。

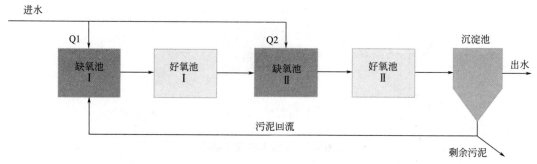

图 8-10　分段进水脱氮工艺

此工艺特点是原水分批进入各段缺氧区，系统中每一段好氧区产生的硝化液，直接进入下一段缺氧区利用原水中的碳源进行反硝化作用，从而实现原水碳源的充分利用，此外，无需硝化液回流，从而减少了工艺的运行费用。

4. SHARON 工艺与反硝化除磷工艺

为了进一步降低成本和提高效率，许多新型的脱氮除磷工艺也陆续出现，例如 SHARON 工艺与反硝化除磷工艺。

SHARON 工艺是由荷兰开发出的新型生物脱氮工艺，主要用于污泥消化池上清液的处理。前面已经讲过，生物脱氮过程由两段工艺共同完成，即硝化和反硝化，如图 8-11 所示。硝化过程可分为两个阶段，分别由亚硝化菌和硝化菌完成。SHARON 工艺的基本原理为短程硝化—反硝化，即将氨氮氧化控制在亚硝化阶段，然后进行反硝化。

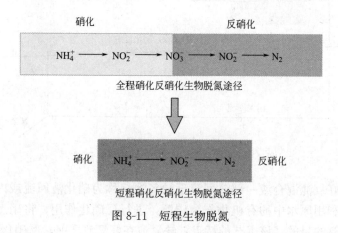

图 8-11　短程生物脱氮

SHARON 工艺的基本特点是硝化与反硝化两个阶段在同一反应器中完成，可以简化工艺流程，此外还可以缩短水力停留时间，减小反应器体积和占地面积。

由于将硝化过程控制在亚硝化阶段，实现了短程硝化—反硝化，因此可节省反硝化过程需要的有机碳源，以甲醇为例可节省碳源 40%。除此之外，还可减少供气量 25% 左右，节省了动力消耗，使得成本大大降低。

在生物除磷方面，近年来研究者发现了一种"兼性厌氧反硝化除磷细菌——DPB（Denitrifying Phosphorus Removing Bacteria）"。可以在缺氧条件下，利用硝酸盐作为电子受体氧化细胞内贮存的PHB，使吸磷和反硝化这两个不同的生物过程能够借助同一种细菌在同一环境中一并完成，实现同时反硝化和过度摄磷，即所谓"一碳（PHB）两用"。与传统的好氧吸磷相比，在保证硝化效果的同时，系统对COD需求可减少50%，氧的消耗和污泥产量可分别下降30%和50%。反硝化除磷脱氮工艺在处理城市污水时，不仅可节省曝气量、减少有机碳源的消耗量，而且也可减少剩余污泥产量，对降低能耗和成本而言有很大意义。

5. 同步脱氮除磷工艺

如果能在一个系统中同时进行脱氮和除磷，那么其成本肯定会有所降低，因此开发出了多种同步脱氮除磷工艺，A^2/O工艺在系统上可以称为最简单的同步脱氮除磷工艺。

如图8-12所示，原废水与含磷回流污泥一起进入厌氧池，聚磷菌在这里完成释放磷和摄取有机物。混合液从厌氧池进入缺氧池，该段的首要功能是脱氮，硝态氮是通过内循环由好氧池输送来的，循环的混合液量较大，一般为进水量的2倍。然后，混合液从缺氧池进入好氧池，去除BOD、硝化和聚磷等反应都是在该单元内进行。最后，混合液进入沉淀池，进行泥水分离，上清液作为处理水排放，沉淀污泥的一部分回流至厌氧池，另一部分作为剩余污泥排放。

A^2/O工艺运行中无需加药，厌氧池和缺氧池只用轻缓搅拌，因此运行费用较低。

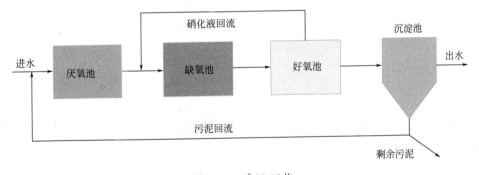

图8-12　A^2/O工艺

8.2.3　脱氮除磷工艺进化中的发明原理剖析

在脱氮除磷工艺的发展变革中，存在的矛盾主要以物理矛盾为主。针对物理矛盾，TRIZ理论提出了空间分离原理、时间分离原理、条件分离原理、系统分离原理等一系列可供参考的原理工具。为解决污水脱氮除磷中的诸多矛盾，以上述原理作为参考，产生了许多新型脱氮除磷工艺，使用理想度公式对这些工艺进行衡量，造就了这些工艺在不同程度上的实际应用。

1. 污泥龄问题中的发明原理

在污水的脱氮除磷工艺中，污泥的污泥龄是一个重要参数。

自养硝化菌和反硝化菌相比，硝化菌的世代周期较长，欲使其成为优势菌群，需控制系统在长污泥龄状态下运行。冬季系统具有良好硝化效果时的污泥龄（SRT），需控制在30d以上；即使夏季，若SRT＜5d，系统的硝化效果也将显得极其微弱。而聚磷菌属短世代周期微生物，甚至其最大世代周期（G_{max}）都小于硝化菌的最小世代周期（G_{min}）。

但是，从生物除磷角度分析富磷污泥的排放，是实现系统磷减量化的唯一渠道。若排泥不及时，一方面会因聚磷菌（PAOs）的内源呼吸使胞内糖原消耗殆尽，进而影响厌氧区乙酸盐的吸收及聚-β-羟基烷酸（PHAs）的贮存，系统除磷率下降，严重时甚至造成富磷污泥中磷的二次释放；另一方面，SRT也影响系统内聚磷菌（PAOs）和聚糖菌（GAOs）的优势生长。在30℃的长污泥龄（SRT≈10d）厌氧环境中，GAOs对乙酸盐的吸收速率高于PAOs，使其在系统中占主导地位，影响PAOs的释磷效果。

为了保证系统的除磷效果就不得不维持较高的污泥排放量，系统的污泥龄也不得不相应地降低，显然硝化菌和聚磷菌在污泥龄上存在着矛盾。若污泥龄太长，不利于磷的去除；污泥龄太短，硝化菌无法存活，且泥量过大也会影响后续污泥处理。

污泥龄既不能太长也不能太短的矛盾显然属于一对物理矛盾，针对此物理矛盾，依据TRIZ物理矛盾解决方法的四大分离原理，可以采取空间分离原理、系统分离原理进行分析。

（1）利用空间分离原理——设置中沉池。将除磷和脱氮两个过程分开，使其有各自污泥回流系统以及污泥龄。

如图8-13所示，第一级污泥龄很短，主要功能是除磷；第二级污泥龄较长，主要功能是脱氮，该系统的优点是将PAOs和自养硝化菌两类污泥龄不同的微生物分开，使其均在自己最适的污泥龄下生存。但是缺点也很明显，流程长，不够经济，无法减少工艺的总反应时间，在脱氮工艺中容易出现碳源不足。由于吸磷和硝化都需要好氧条件，工艺所需的曝气量也可能有所增加。

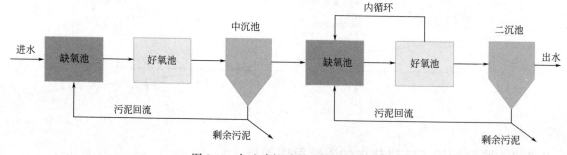

图 8-13　加入中沉池的二级 AO 系统

（2）系统分离原理——设置子系统。好氧区投加浮动载体填料，载体表面附着生长自养硝化菌使其在整个好氧区内成为系统中的一个子系统。

在传统 A²/O 工艺的好氧区投加浮动载体填料，如图8-14所示，使载体表面附着生长自养硝化菌，而PAOs和反硝化菌则处于悬浮生长状态，这样附着态的自养硝化菌的SRT相对独立，其硝化速率受短SRT排泥的影响较小，甚至在一定程度上得到强化。

悬浮污泥SRT、填料投配比及投配位置的选择不仅要考虑硝化的增强程度，还要考虑悬浮态污泥含量降低对系统反硝化和除磷的负面影响。载体填料的投配并不意味可大幅度增加系统排泥量，缩短悬浮污泥SRT以提高系统除磷效率；相反，SRT的缩短可能降低

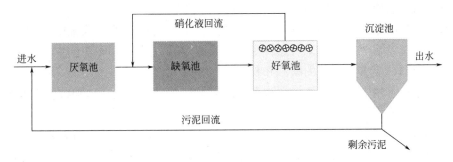

图 8-14　A²/O 工艺图

悬浮态污泥（MLSS）浓度，从而影响系统的反硝化效果，甚至造成除磷效果恶化。

研究表明，当悬浮污泥 SRT 控制为 5d 时，复合式 A²/O 工艺的硝化效果与传统 A²/O 工艺相比，两者的硝化效果无明显差异，复合式 A²/O 工艺的载体填料不能完全独立地发挥其硝化性能；若再降低悬浮污泥 SRT 则因系统悬浮污泥含量的降低致使硝酸盐积累，影响厌氧释磷效果。

2. 碳源竞争问题中的发明原理

在传统 A²/O 脱氮除磷系统中，碳源主要用于释磷、反硝化和异养菌的正常代谢等方面，其中释磷和反硝化速率与进水碳源中易降解部分的含量有很大关系。一般而言，要同时完成脱氮和除磷两个过程，进水的碳氮比应大于 4～5，碳磷比应大于 20～30。当碳源含量低于此值时，因前端厌氧区 PAOs 吸收进水中挥发性脂肪酸（VFAs）及醇类等易降解有机物完成其细胞内 PHAs 的合成，使得后续缺氧区没有足够的优质碳源而抑制反硝化潜力的充分发挥，降低了系统对总氮（TN）的脱除效率。

此外，反硝化菌以内碳源和甲醇或 VFAs 类为碳源时的反硝化速率分别为 17～48、120～900mg/(g·d)。因反硝化不彻底而残余的硝酸盐随外回流污泥进入厌氧区，反硝化菌将优先于 PAOs 利用环境中的有机物进行反硝化脱氮，干扰厌氧释磷的正常进行，最终影响系统对磷的高效去除。

因此，针对此物理矛盾，依据 TRIZ 物理矛盾解决方法的四大分离原理，可以采取系统分离原理、空间分离原理和时间分离原理进行分析。

（1）系统分离原理——增加"外碳源补充"子系统

补充外碳源是在不改变原有工艺池体结构及各功能区顺序的情况下，针对短期内因水质波动引起碳源不足而提出的应急措施。一般供选择的碳源可分为 2 类：

1）甲醇、乙醇、葡萄糖和乙酸钠等有机化合物；

2）可替代有机碳源，如厌氧消化污泥上清液、木屑、牲畜或家禽粪便及含高碳源的工业废水等。相对糖类、纤维素等高碳物质而言，因微生物以低分子碳水化合物（如甲醇、乙酸钠等）为碳源进行合成代谢时所需能量较大，使其更倾向于利用此类碳源进行分解代谢，如反硝化等。

但任何外碳源的投加都要使系统经历一定的适应期，方可达到预期的效果。

针对要解决的矛盾主体选择合适的碳源投加点对系统的稳定运行和节能降耗至关重要。一般在厌氧区投加外碳源不仅能改善系统除磷效果，而且可增强系统的反硝化潜能；但是若反硝化碳源严重不足致使系统 TN 脱除欠佳时，应优先考虑向缺氧区投加。

（2）空间分离原理——取消"初沉池"子系统

如果沿用初沉池可去除30%的COD来考虑，取消初沉池后，系统的COD负荷较原来增加。对于脱氮除磷工艺来说，这种变化是受欢迎的，因为从原理上讲，无论是反硝化还是聚磷菌释磷都要求有足够的碳源和易降解COD。

但是取消初沉池引发了活性污泥法系统边界条件的重要改变，这种改变对系统产生了正反两方面的影响。具体是：

1）进水有机物负荷的增加可以强化城市污水生物脱氮除磷工艺的氮磷脱除功能。但是当进水中可沉性有机物比例较大时，这种做法将大幅度提高运行成本，有可能得不偿失。

2）大量已适应原水环境并具有旺盛繁殖力的兼性细菌，随初沉污泥直接进入曝气池将使系统处理能力进一步加强，运行更加稳定。大量悬浮固体直接进入曝气池，为微生物提供了良好的栖息场所，使系统的微生物种类和数量大幅度上升，加强了系统抵抗冲击负荷和恶劣环境条件的能力。悬浮颗粒较长的停留时间和内部缺氧区的存在，丰富和强化了系统的水处理功能（如硝化和反硝化）。但是当进水悬浮固体浓度较高且非活性比例较大时，取消初沉池可能引起工艺运行根本性的矛盾，导致设计失败。换句话说，这一做法只有当进水SS和其非活性比例都不太高的条件下才有可能是适宜的。

（3）时间分离原理——倒置A^2/O工艺及其改良工艺

传统A^2/O工艺以牺牲系统的反硝化速率为前提，优先考虑释磷对碳源的需求，而将厌氧区置于工艺前端，缺氧区后置，忽视了释磷本身并非除磷工艺的目的所在。

从除磷角度分析可知，倒置A^2/O工艺还具有2个优势：

"饥饿效应"：PAOs厌氧释磷后直接进入生化效率较高的好氧环境，其在厌氧条件下形成的摄磷驱动力可以得到充分的利用。

"群体效应"：允许所有参与回流的污泥经历完整的释磷、摄磷过程。

如图8-15所示，分点进水倒置A^2/O工艺，即将缺氧池置于厌氧池前面，厌氧池后设置好氧池。来自二沉池的50%～100%回流污泥和30%～50%的进水，100%～200%的好氧池混合液回流均进入缺氧段，停留时间为1～3h，50%～70%的进水直接进入厌氧段。回流污泥和混合液在缺氧池内进行反硝化，去除硝态氧，再进入厌氧段，保证了厌氧池的厌氧状态以强化除磷效果。在根据不同进水水质、不同季节情况下，生物脱氮和生物除磷所需碳源的变化，调节分配至缺氧段和厌氧段的进水比例，使反硝化作用和除磷效果均得

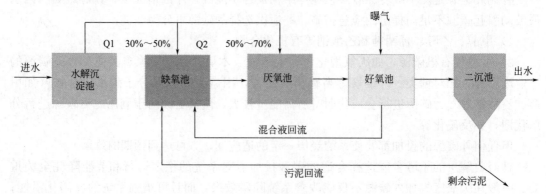

图8-15　分点进水倒置A^2/O工艺流程图

到有效保证。因此，该工艺与其他除磷脱氮工艺相比，具有明显优点，首先在倒置 A^2/O 工艺缺氧段优先得到碳源，故其脱氮能力得到加强。其次采用分段进水保证氮磷去除效率高。此外，还最大程度地利用了原水中的碳源。

综上所述，把传统 A^2/O 工艺的厌氧、缺氧环境倒置过来形成倒置 A^2/O 工艺，可得到更好的脱氮除磷效果。其特点在于：

1）缺氧区位于厌氧区之前，硝酸盐在这里消耗殆尽，厌氧区 ORP 较低，有利于微生物形成更强的吸磷动力；

2）微生物厌氧释磷后直接进入生化效率较高的好氧环境，其在厌氧条件下形成的吸磷动力可以得到更充分利用；

3）缺氧段位于工艺的首端，允许反硝化菌优先获得碳源，进一步加强了系统的脱氮能力。

3. 硝酸盐问题中的发明原理

在传统的 A^2/O 脱氮除磷工艺中，从二沉池回流的污泥中掺杂一定的硝酸盐，一般，当厌氧区的硝酸盐的质量浓度大于 1.0mg/L 时，会对 PAOs 释磷产生抑制，当其达到 3~4mg/L 时，PAOs 的释磷行为几乎完全被抑制，释磷速率降至 2.4mg/(g·d)。

所以如何避免硝酸盐进入厌氧区干扰释磷是脱氮除磷工艺中的另一矛盾，针对此物理矛盾，依据 TRIZ 物理矛盾解决方法的四大分离原理，可以采取系统分离原理、时间分离原理进行分析。

（1）系统分离原理——JHB 工艺设置子系统"预缺氧池"

JHB 污水处理工艺首先由南非约翰内斯堡大学创立，也被称为约翰内斯堡工艺，如图 8-16 所示，通过在传统 A^2/O 工艺前设置预缺氧池，二沉池的一部分污泥（回流比为 100%）和 33% 的原水（67% 的原水直接进入厌氧池）直接进入预缺氧池，利用进水中的有机物去除硝态氮，以降低反硝化菌在后续厌氧段与 PAOs 竞争有机物的能力，PAOs 良好的厌氧释磷能力是保证系统高效除磷的重要因素。

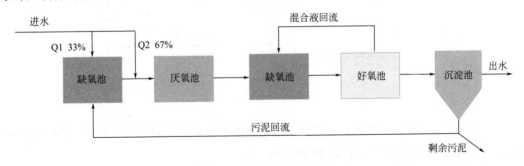

图 8-16　JHB 工艺流程图

首先 33% 的进水与回流污泥（污泥回流比为 75%）混合后进入预缺氧池，反硝化菌利用进水中的碳源去除回流污泥中的 NO_x-N；然后与另外 67% 的进水一起进入厌氧池，PAOs 利用易降解有机物合成 PHB 等胞内聚合物，并释放磷；经过厌氧池后再与好氧池污泥（污泥内回流比为 100%）混合进入缺氧池，PAOs 以 PHB 为碳源和能源、硝酸盐为电子受体吸磷，同时也有反硝化菌降解硝酸盐；最后进入好氧池进行硝化，并进一步降解剩余的碳源和吸收磷酸盐。

（2）时间分离原理——UCT 工艺与 MUCT 工艺

与倒置 A^2/O 工艺不同，UCT 工艺是在不改变传统 A^2/O 工艺各功能区空间位置的情况下，沉淀池污泥回流到缺氧池而不是回流到厌氧池，这样可以防止由于硝酸盐氮进入厌氧池，破坏厌氧池的厌氧状态而影响系统的除磷率，如图 8-17 所示。除此之外还增加了从缺氧池到厌氧池的混合液回流，由缺氧池向厌氧池回流的混合液中含有较多的溶解性 BOD，而硝酸盐很少，为厌氧段内所进行的有机物水解反应提供了最优的条件。

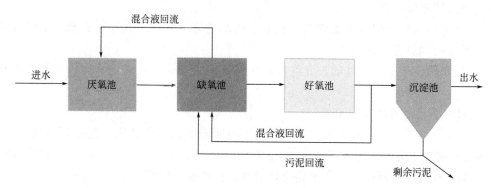

图 8-17　UCT 工艺

在进水 C/N 适中的情况下，缺氧区的反硝化作用可使回流至厌氧区的混合液中硝酸盐的含量接近于 0；而当进水 C/N 较低时，UCT 工艺中的缺氧区可能无法实现氮的完全脱除，仍有部分硝酸盐进入厌氧区，因此又产生了改良 UCT 工艺（MUCT），如图 8-18 所示。

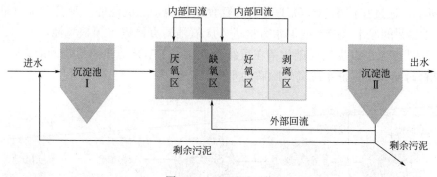

图 8-18　MUCT 工艺

与 UCT 工艺相比，MUCT 工艺中，污泥和混合液回流得到单独控制，且缺氧池一分为二，并与传统 A^2/O 工艺存在着明显差异：

1) 两套内回流相互独立；

2) 回流污泥进入第 I 缺氧段，而第 I 缺氧段部分出流混合液再回流至厌氧段。

在 MUCT 工艺中，不仅可以避免因回流污泥中的硝酸盐回流至厌氧段，而干扰磷的厌氧释放和降低磷去除率的现象，而且厌氧区中溶解氧（DO）、缺氧段的停留时间可独立控制，从而更容易实现高效、稳定的脱氮除磷效果。

无论 UCT 还是 MUCT，回流系统的改变强化了厌氧、缺氧的交替环境，使其与 JHB 一样，缺氧区容易富集反硝化 PAOs，实现同步脱氮除磷。

8.3　厌氧生物反应器在水处理过程中的变革及其发明原理剖析

本节首先介绍了厌氧生物反应器的技术起源，由于观察到了自然界厌氧降解过程的产甲烷现象，所以受到启发开发出厌氧生物反应器来处理污水。在厌氧生物反应器的发展进化过程中，其最主要的发展方向是提高厌氧生物反应器的处理效果，为了提高处理效果，主要从提高生物量和提高传质效果两方面对厌氧反应器进行了改进，并由此开发出了从最初处理效果较差的厌氧消化池到以厌氧接触氧化法为代表的第一代厌氧生物反应器、以 UASB 反应器为代表的第二代厌氧生物反应器，再到以大量应用厌氧颗粒污泥为主要特征的第三代厌氧生物反应器等一系列处理效果较好的厌氧生物反应器[4]。最后，本节以厌氧接触氧化法、厌氧流化床和厌氧颗粒污泥膨胀床为例，使用 TRIZ 工具对其进行了发明原理的剖析。

8.3.1　厌氧生物反应器技术起源

早在 1776 年，Volta 就发现了湖泊、池塘和河流的底部淤泥中可以产生未知的可燃性气体，但对于这一现象并没有继续探索背后的本质，直到 1860 年，Reiset 观察到粪堆降解过程中产生甲烷，并建议深入研究，以理解有机物的降解机理，至此，厌氧技术被通过现象而捕获并加以利用。1860 年，首座生产规模厌氧消化系统 "Mouras" automatic scavenger 面世，这便是现代化粪池的雏形，如图 8-19 所示。

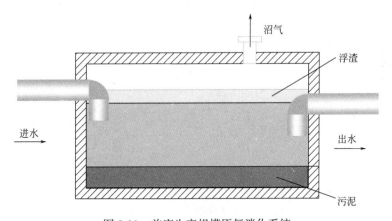

图 8-19　首座生产规模厌氧消化系统

Mouras 的污水箱将废水和污泥完全混合，属于低负荷系统，只能处理单个家庭的生活污水，但这对于当时来说，已经打开了另一项处理工艺的大门。

8.3.2　厌氧生物反应器进化的关键方向

尽管厌氧法有着可资源化、适合高浓度有机废水等好氧法所不具备的优势，但厌氧生物其本身较慢的生长速率和生物量低，使厌氧系统在降解污染物的效率上陷入天然的劣势。因此，在厌氧反应器的进化过程中，通过提高厌氧生物的生物量和提高系统的传质效

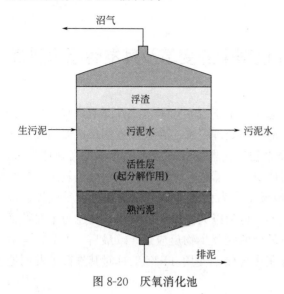

图 8-20 厌氧消化池

果来提高厌氧生物反应器的处理效率。

1. 提高生物量

随着对于厌氧技术的不断摸索，1896年英国出现了第一座用于处理生活污水的厌氧消化池，所产生的沼气用于照明，如图 8-20 所示。随后的几十年中，厌氧处理技术迅速发展并得到广泛应用。

虽然厌氧消化池的出现使厌氧生物处理得到了广泛应用，但其自身依然存在很多的缺点，其中一个很大的缺点就是由于厌氧消化池采用污泥与污水完全混合的模式，污泥停留时间（SRT）与水力停留时间（HRT）相同，厌氧微生物易随出水流出系统，因此导致厌氧微生物浓度低，处理效果差。在这个问题上，希望污水中的微生物数量尽可能多一些，才能保证较好的污水处理效果，即使单纯靠接种污泥，那么当污泥和水一起流出后就会造成大量的微生物资源的浪费。如何才能让生物量增加而不造成生物资源的浪费？Schroepfer 在 20 世纪 50 年代开发了厌氧接触氧化法。

如图 8-21 所示，厌氧接触氧化法是在连续搅拌反应器基础上，在出水沉淀池中增设了污泥回流装置使自身排出的污泥再次回流到消化池中，使厌氧污泥在反应器中的停留时间第一次大于水力停留时间，从而提高了有机负荷率与处理效率，这就是第一代厌氧生物反应器。

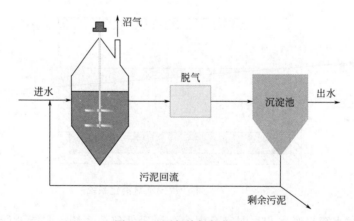

图 8-21 厌氧接触氧化法

对于第一代厌氧生物反应器而言，它解决了生物量不够的问题，污泥回流使厌氧消化池的有机负荷增加，然而一味提高生物量带来的一个问题就是由于微生物过度生长带来的传质效率低。

在 1960 年左右，文献[5] 中已经出现关于南非的厌氧系统处理高浓度工业废水的报道，使用的一种叫作反向流 Dorr-Oliver-Clarigester （DO-clarigester）的反应器，如图 8-

22 所示，Gatze Lettinga 基于同时期厌氧接触工艺的研究，他们发现尽管 DO-clarigester 反应器虽然常面临生物量流失的问题，但使用反向流是一个非常棒的主意，配合一定的搅拌，污泥与废水的接触时间更长，接触面积更广，传质效果好。

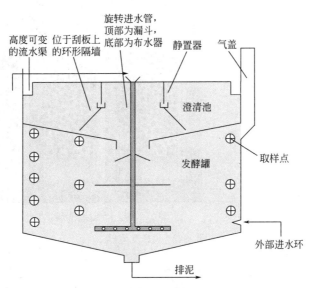

图 8-22　DO-clarigester 反应器

在研究过程中，Gatze Lettinga 的团队发现为了维持厌氧污泥良好的沉降性能（减少污泥流失、提高出水水质），需要自始至终维持最低限度的机械搅拌，在后续的产甲烷活性试验中，也得出了需要减少机械搅拌的结论。这对于 Gatze Lettinga 来讲，提供了一个厌氧废水处理试验的最重要红线——停止在固体厌氧消化和废水厌氧处理过程中使用完全混合式机械搅拌的结论，这不仅承接了 DO-clarigester 反应器带给 Gatze Lettinga 反向流的主意，也让 Gatze Lettinga 将取消机械搅拌与反向流反应器结合的想法萌发出来。

在 1969 年 Young 与 McCarty 发表了关于 AF（厌氧滤池）反应器的文献[6]，这也标志着 AF 工艺的正式形成。

如图 8-23 所示，AF 工艺通过在池中添加滤料，给予微生物良好的生长环境，当废水通过滤料层时，废水中有机物被拦截在滤料上并被附着微生物降解，产生沼气，从上部排出。与厌氧接触氧化法比较，它使微生物的生长环境从流态转换为固态，大大减少了污泥的流失，它将污泥停留时间与水力停留时间彻底分开，这极大地提高了工艺的生物量，但随之而来的，因为生物膜在滤料上的快速增长，AF 工艺容易出现滤层堵塞，且对布水有严格的要求，否则容易出现短流现象，当时自动化水平不高，人工定期清理滤层是不现实的，此时，持续增加生物量也不利于厌氧技术的发展，传质效果也被摆到了和生物量同等重要的地位。

2. 提高传质效果

在 AF 工艺开始运行的时候，Gatze Lettinga 发现 AF 反应器中形成了具有高活性和沉降性能良好的厌氧污泥，从某种角度上讲，如果可以广泛使用这些性能优良的污泥，就没有必要使用填料，因为填料会占据本可以用来截留污泥的宝贵空间，为此他还为反应器的顶部设计了一个合适的气液固三相分离装置。该装置于 20 世纪 70 年代被研发出来，便是

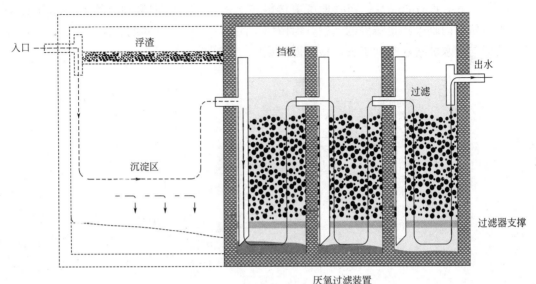

图 8-23 AF 反应器

被称作二代厌氧生物反应器的代表——UASB。

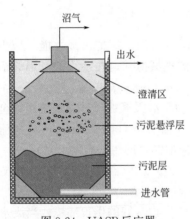

图 8-24 UASB 反应器

如图 8-24 所示，升流式厌氧污泥床（UASB）反应器是目前应用最广的第二代厌氧生物反应器，废水由池底进入反应器，向上流过由絮状或颗粒污泥组成的污泥床，随着废水与污泥相接触发生厌氧反应，产生沼气（主要是甲烷和二氧化碳）引起污泥床扰动，通过反应区经气体分离后的混合液进入沉淀区进行固液分离，澄清后的处理过的水排走，沉淀下来的微生物固体，即厌氧污泥靠重力沉降返回到反应区，集气室收集的沼气由沼气管排出反应器。UASB 反应器内不设搅拌装置，因为上升的水流和产生的沼气可满足搅拌要求，反应器内不设置填料，构造简单，易于操作运行，便于维护管理。由于 UASB 反应器设置有三相分离器，反应器内污泥不易流失，所以反应器内能维持很高的污泥浓度。同时，反应器的 SRT（污泥停留时间）大，HRT（水力停留时间）小，这使反应器有很高的容积负荷率并稳定运行。沼气的扰动会不断冲刷污泥，不仅起到混合污泥与污水的效果，也能及时地将老化的污泥去除，这极大地增加了 UASB 的生物传质效果，同时也看到了污泥颗粒化的应用前景。

虽然第二代厌氧生物反应器在应用中取得了很大的成功，但其依然存在一些问题。例如 UASB 反应器，虽然得益于三相分离器的设计使污泥能够沿斜壁返回反应区，从而避免污泥流失保持较大的污泥量，但也因此存在反应器堵塞的问题，出水水质达不到传统二级处理工艺的出水水质，在处理固体悬浮物浓度较高的废水时依旧会造成堵塞和短流，影响生物传质效果，因此依旧为了加强生物传质，在二代厌氧生物反应器的基础上又一次进行改进。

第三代厌氧生物反应器中的一个典型代表是厌氧颗粒污泥膨胀床（EGSB），EGSB 是荷兰 Wageningen 大学环境系在 20 世纪 80 年代开始研究的新型厌氧反应器。如图 8-25 所示，它实际上是改进的 UASB 反应器，EGSB 采用了更大的高径比并增加了出水回流，上升流速度高达 2.5～6.0m/h，解决了反应器堵塞和存在水流死区的问题，反应器中的污泥床处于部分或全部膨化状态，再加上产气的搅拌作用，使进水与颗粒污泥充分接触，传质效果更好，可处理高浓度的有机废水。

EGSB 中的主体部分是污泥区的厌氧颗粒污泥，厌氧颗粒污泥是厌氧微生物自固定化形成的一种结构紧密的污泥聚集体，较高的污泥浓度和良好的沉降性能使其抗负荷能力极大增强，物理性状稳定，产甲烷活性高。厌氧颗粒污泥的这些特点使得第三代高效厌氧生物反应器的发展应用成为可能，但它本身也不是没有问题的，对于没有形成颗粒状的絮状污泥，在高上升流速下易被出水带出反应器造成浪费，而且对于 SS 和胶体物质的去除效果较差。

在 EGSB 进入大众视野的时候，IC 反应器于 1988 年投入运行，同样是在 UASB 基础上进行了改进，IC 反应器可视为由两个 UASB 反应器串联构成，如图 8-26 所示，也具有很大的高径比，但它创造性地将颗粒污泥膨胀床和污泥循环结合起来，将两个子 UASB 系统结合起来，实现了厌氧污泥膨胀床技术的组合进化。

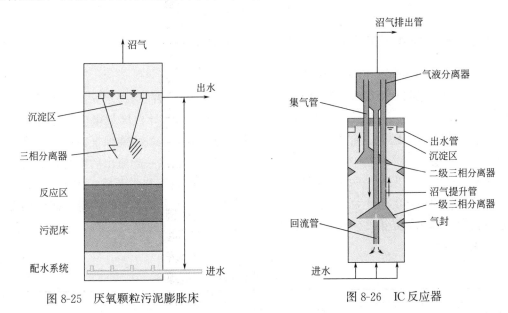

图 8-25 厌氧颗粒污泥膨胀床　　　　　图 8-26 IC 反应器

IC 反应器利用自身的特点较好地解决了 UASB 存在的传质效率不高、污泥颗粒化程度不高、无法保持泥水的良好接触等不足，IC 反应器在较高的 COD 容积负荷条件下，利用产生的沼气形成气提，在无需外加能源的条件下实现了内循环污泥回流，从而进一步加大生物量，延长污泥龄；此外引入分级处理思想，赋予了两个子系统新的功能。更重要的是，由于污泥内循环，精处理区的水流上升速度（2～10m/h）远低于膨胀床区的上升流速（10～20m/h），而且该区只产生少量的沼气，创造了颗粒污泥沉降的良好环境，也解决了 EGSB 在高负荷下污泥被冲出系统的问题，不仅提高了传质效率，同时最大限度地防止了污泥流失。

IC 反应器虽然性能优越，但内部结构复杂，施工安装和日常维护就更加困难，较高的反应器高度也意味着需要更多的水泵消耗，此外，相关结构尺寸和设计参数尚需要进一步摸索。

在厌氧反应器的进化过程中，其进化的主要目标是不断提升厌氧处理的效果（也就是提高生物量与传质效果），但除此之外，还有一条线索也不容忽视，那就是前文所讲到的经济性。

可以说，厌氧技术是从大自然原理黑箱中不断摸索出来的，自从发现厌氧产生甲烷的时候，便不断发掘其原理，并加以运用，通过与已掌握的技术相结合，实现厌氧技术的组合进化，从泥水单一混合到添加污泥回流，最后到 IC 反应器的分级处理，厌氧技术从提高生物量和传质效率两个参数实现进化，对于一个早就产生的技术，发展程度却远不及好氧水处理，很大原因是厌氧技术还有一部分处于黑箱之中，但尚未被完全发掘的它，却拥有相比于氧化沟和湿地系统等低成本、低占地、高净化、产生能源气体的强大优势。

随着各种水处理技术的不断革新，超高处理效果的背后往往是大量的资源浪费，现阶段各水厂也走向精细化管理，在出水水质达到要求的基础上，能否不断地降低已掌握技术的成本就成为该技术能否推广应用的关键，而过去被冠以"臭烘烘"和"脏兮兮"的厌氧技术，却正因为它自始至终的"经济性"继续走在变革的路上。

8.3.3 厌氧生物反应器进化中的发明原理剖析

1. 厌氧接触氧化法的发明原理

厌氧消化池的一个很大缺陷就是由于厌氧消化池采用污泥与污水完全混合的模式，污泥停留时间（SRT）与水力停留时间（HRT）相同，因此导致厌氧微生物浓度低，处理效果差。在这个问题上，希望污水中的微生物数量尽可能多，才能保证较好的污水处理效果，然而如果单纯靠向水中投加污泥的话，那么当污泥和水一起流出后就会造成大量的微生物资源的浪费。像这种两个不同参数之间的矛盾显然属于技术矛盾，按照 TRIZ 思维进行分析，希望增加的微生物数量属于第 26 条参数——物质或事物的数量，而增加微生物数量会导致恶化的是第 22 条参数——能量损失即生物能量的损失，两个参数对应的矛盾矩阵表见表 8-3。

部分矛盾矩阵表 表 8-3

改善的参数 ＼ 避免恶化的参数	20 静止物体消耗的能量	21 功率	22 能量损失
26 物质或事物的数量	3,35,31	35	7,18,25

根据矛盾矩阵表，第 7、18、25 条原理可供参考，选择其中第 25 条原理，即自服务原理进行分析，自服务原理指出，可以利用自身废弃的能量与物质解决矛盾。参考自服务原理，Schroepfer 在 20 世纪 50 年代开发了厌氧接触氧化法。在末端增设污泥回流系统，创造性地将 SRT 与 HRT 分离开来，利用系统本身的污泥补充系统本身，只需要调整回流比就可以在不同工况下保证污泥浓度维持在一定的水平。

2. 厌氧流化床的发明原理

对于厌氧生物反应器而言，反应器中的生物量越多就越有利于进行厌氧反应从而使污水得到较好的处理，因此厌氧生物反应器的一个重要发展目标就是提高生物量，例如污泥回流、增加填料等就是为了提高生物量的设计，然而一味提高生物量带来的一个问题就是由于生物膜过度生长带来的传质效率低。

利用 TRIZ 思维解决这个矛盾，提高生物量属于第 26 条参数——物质或事物的数量，而生物膜过度生长导致的传质效率低（达到同样效果需要的时间更长）对应第 25 条参数——时间损失，相应的矛盾矩阵表见表 8-4。

部分矛盾矩阵表　　　　　　　　　　　　表 8-4

改善的参数 ＼ 避免恶化的参数	24 信息损失	25 时间损失	26 物质或事物的数量
26 物质或事物的数量	24,28,35	35,38,18,16	—

在对应的 4 条原理中选择第 18 条原理即机械振动原理作为参考，机械振动原理指出可以使物体处于振动状态来解决矛盾。厌氧流化床通过底部进水，水流使污泥不断振动，同时高速冲刷污泥表面，将活性较差的生物膜分离出去，保证污泥表面微生物的活性，提高传质效率，同时顶部的三相分离器，将厌氧产生的甲烷、处理后上清液和污泥絮体分离开来，拦截后的污泥絮体又返回至反应器底部继续参与生物处理，这使得在保证一定生物量的基础上又增强了生物传质效果，如图 8-27 所示。

3. 厌氧颗粒污泥膨胀床的发明原理

如上文所述，虽然厌氧流化床反应器得益于三相分离器的设计使污泥能够沿斜壁返回反应区从而避免污泥流失保持较大的污泥量，但也因此存在反应器堵塞的问题。

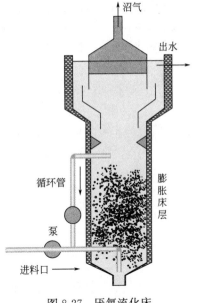

图 8-27　厌氧流化床

从 TRIZ 思维来看，上述两个不同参数之间的矛盾属于一对技术矛盾。其中因避免污泥流失而改善的参数是第 23 个参数——物质损失，因反应器会时常堵塞而恶化的参数是第 27 个参数——可靠性，对应的矛盾矩阵表见表 8-5。

部分矛盾矩阵表　　　　　　　　　　　　表 8-5

改善的参数 ＼ 避免恶化的参数	26 物质或事物的数量	27 可靠性	28 测量精度
23 物质损失	6,3,10,24	10,29,39,35	16,34,31,28

从表中选择第 35 条原理即参数变化原理作为参考，参数变化原理指出可以通过改变

物质的物理化学状态（如密度、浓度等）来解决矛盾。参考此条原理，改变污泥浓度，设计出了以应用生物量更高、密度更大的厌氧颗粒污泥为主要特征的第三代厌氧生物反应器，而上文提到的厌氧颗粒污泥膨胀床（EGSB）便是第三代厌氧生物反应器中的一个典型代表。

参考文献

[1] 李圭白，张杰. 水质工程学（下册）[M]. 3版. 北京：中国建筑工业出版社，2021.

[2] 严煦世，范瑾初. 给水工程 [M]. 4版. 北京：中国建筑工业出版社，2015.

[3] 张自杰. 排水工程（下册）[M]. 5版. 北京：中国建筑工业出版社，2015.

[4] Stander G，Cillie G，Ross W，et al. Treatment of wine distillery wastes by anaerobic digestion [J]. Proc 22nd Purdue Industrial waste conferen ce, 1967：892-907.

[5] Young J C, Mccarty P L. The anaerobic filter for waste treatment [J]. Journal (Water Pollution Control Federation)，1969：R160-R173.

[6] 赫兹·莱廷格. 通往可持续环境保护之路——UASB之父 Gatze Lettinga 的厌氧故事 [M]. 宫徽，盘得利，王凯军，译. 北京：化学工业出版社，2021.

附录 1 矛盾矩阵参数及其水处理行业释义

矛盾矩阵参数及其水处理行业释义表 附表 1

编号	参数名称	通用释义	水处理行业释义
1	运动物体的质量	指在重力场中运动物体的质量。运动物体作用于支撑或悬挂物体上的力	如混合液、填料及絮体等的质量
2	静止物体的质量	在重力场中静止物体的质量。静止物体作用于支撑或悬挂物体上的力	如格栅、沉淀池及管道等的质量
3	运动物体的长度	运动物体的任意线性尺寸,不一定是最长的,都可认为是长度	运动物体的线性尺寸,如填料的直径
4	静止物体的长度	静止物体的任意线性尺寸,不一定是最长的,都可认为是长度	静止物体的线性尺寸,如沉砂池的长、宽、高等
5	运动物体的面积	平面上一条线包围的部分的尺寸大小。物体在平面上占据的面积,或者物体表面(内部或外部)的面积	如活性炭的外表面
6	静止物体的面积	平面上一条线包围的部分的尺寸大小。物体在平面上占据的面积,或者物体表面(内部或外部)的面积	如沉淀池的底面面积
7	运动物体的体积	立方体运动物体所占空间的体积。如立方体矩形物体的体积为长度×宽度×高度,圆柱体的体积为高度×底面积等	如混合液所占的空间大小为构筑物容积
8	静止物体的体积	立方体静止物体所占空间的体积。如立方体矩形物体的体积为长度×宽度×高度,圆柱体的体积为高度×底面积等	如水处理构筑物中,平流沉淀池所占的空间体积
9	速度	物体的运动速度;一个过程或活动与时间的比值	物体一个动作或过程的速率,如混合液在管道内的流速
10	力	力是衡量系统之间的相互作用。牛顿力学中,力=质量×加速度。TRIZ 中,力是改变物体状态的任何作用	改变物体状态的任何作用,如水泵对水施加力,改变水的运行方向和高度
11	应力或压力	单位面积上的力。张力或拉力	作用在物体上的应力或压力,如输送水的管道要承受水的压力
12	形状	系统的外貌、外部轮廓	物体的外观或轮廓,如水处理设备的外部轮廓

编号	参数名称	通用释义	水处理行业释义
13	结构的稳定性	系统的整体或完整性；系统组成要素之间的关系。磨损、化学分解和拆卸都会降低稳定性。熵的增加也等于稳定性的降低	系统为完成某个功能，抵抗自身发生改变的能力。如菌胶团在水力剪切作用下保持形态结构的相对稳定
14	强度	物体抵抗外力作用变化的情况，即耐破坏的程度	物体对外力作用的抵抗能力，如隔板絮凝池中隔板所承受的水流作用抗冲击的能力
15	运动物体的耐用性	运动物体可持续使用的时间、使用年限。平均发生故障之间的间隔时间也是耐用性的度量	运动物体可运作时间的长短，如转刷曝气装置的使用寿命
16	静止物体的耐用性	静止物体可持续使用的时间、使用年限。平均发生故障之间的间隔时间也是耐用性的度量	静止物体可以运作时间的长短，如滤池去除污水中细小杂质达到反冲洗之前的周期时间
17	温度	物体或系统的热状态。包括其他热参数，如影响温度的变化速率的热容量	如厌氧池中温度的变化状态
18	光照强度	单位面积上的光通量，系统的照明特性，如亮度、光线的质量等	如使用紫外线消毒时，对污水的辐射程度
19	运动物体消耗的能量	运动物体做功的度量。在经典力学中，能量是力与距离的乘积。包括使用超系统提供的能量（如电能或热能）。做一项特定工作所需的能量	运动物体在作用期间所消耗的能量。如鼓风机曝气工作时所消耗的电量
20	静止物体消耗的能量	静止物体做功的度量。在经典力学中，能量是力与距离的乘积。包括使用超系统提供的能量（如电能或热能）。做一项特定工作所需的能量	静止物体在作用期间所消耗的能量，如污泥消化池加热所消耗的能量
21	功率	单位时间内所做的功。能量的利用速率	系统利用能量的速率，如水在单位时间从水泵工作中获得的功
22	能量损失	对现行工作无贡献能力的能量损失。减少能量的损失需要不同的技术改善能量的利用	对系统工作没有贡献所消耗的能量，如水在管道运输过程中的沿程水头损失
23	物质损失	系统中某些材料、物质、部件或子系统等部分全部、永久或暂时的损失	系统中损失的物质，如在二沉池排出污泥时，还会携带大量水
24	信息损失	永久或临时性地丢失部分或全部数据。通常包括感官数据，如香气、质地等	如仪器发生故障时，测定水池温度数据的丢失
25	时间损失	时间指一项活动所持续的时间。减少时间损失意味着减少活动所花费的时间。"周期时间减少"是一个常用的术语	如平流沉淀池完成基本沉降所消耗的时间。若采用斜板沉淀池可缩短沉降时间，减少时间损失
26	物质或事物的数量	指物质或事物的数量，如材料或子系统的数量，它们可以被完全或部分、永久地或暂时地被改变	组成一个系统所需要的组件或物质的数量，如板框式压滤机中由多层滤板组合而成

编号	参数名称	通用释义	水处理行业释义
27	可靠性	系统以特定状态执行预期功能的能力	如接触消毒池按预期效果消灭病原微生物的能力
28	测量精度	系统特征的测量值与实际值之间的接近程度。减小误差可以提高测量的准确性	如用专业仪器设备对水的温度、溶解氧等测量后的测量值与实际值的接近程度
29	制造精度	系统或物体的实际性能与要求的性能匹配程度	系统的真实特性与需要的设计特性接近程度,如设计的高密度沉淀池性能与实际运行的性能之间的接近程度
30	作用于物体的有害因素	系统受外部或环境中有害因素作用的敏感程度	受物体或系统外部的作用造成系统效率降低,如过滤时随着截留杂质的增多,造成滤池过滤效率的降低
31	物体产生的有害因素	有害因素会降低系统运行的效率或质量。这些有害因素是由物体或系统操作的一部分而产生	如长时间工作导致生物膜系统中附着的微生物过多形成内部厌氧层,进而会使得生物膜老化、脱落,降低污水处理的能力
32	可制造性	制造物体或组装系统过程中简单、方便的程度	物体或系统在制造、组装过程中的容易程度,如水工艺中设备结构和材料越复杂,可制造性越低
33	可操作性	如果操作需要较多的操作者且操作步骤多以及需要专业的工具,那么该操作不简单。"难"的工序成品率低,"易"的工序成品率高,易操作	物体或系统在操作上的容易程度,如水处理中设备越复杂,可操作性越低
34	可维修性	质量特性,如修复系统故障过程中方便、舒适、简单程度及所需的时间	如水泵出现故障后,维修恢复至正常水平的容易程度
35	适应性及多用性	物体或系统对外部变化适应的程度以及系统应用于不同条件下的能力	系统或物体在外部条件变化仍能适应或应用的能力,如污水处理厂对不同水质的污水处理的适用性
36	设备的复杂性	系统中元素的数量、多样性以及元素之间的相互关系。用户也可能是系统中增加复杂性的一个元素。掌握该系统的困难程度是其复杂性的度量	如高密度沉淀池由混凝、絮凝、沉淀及浓缩多个分区组成,每个分区又由不同组件构成,所有组件及之间的关系构成设备的复杂性
37	检测的复杂性	如果一个系统复杂、成本高,需要较长的时间建立和使用,或是组件之间存在复杂的关系,都属于"检测的复杂性"。测量精度高,同时测量成本的增加也属于测量困难的标志	用于判断系统的组件数量或关系复杂程度,如水中溶解氧测量的难易程度

续表

编号	参数名称	通用释义	水处理行业释义
38	自动化程度	系统或物体在无人的情况下执行其功能的程度。自动化的最低水平是使用手动操作的工具。对于中等级别，人们对工具进行人工编程、观察进行的操作，并根据需要中断或重新编程。最高级别是机器自动感知所需的操作、自动编程并对操作进行自动监控	如污水处理厂管理的智能化，即智慧水务，完成污水处理厂调控管理的自动化
39	生产率	系统在单位时间内执行的功能或操作的数量	如污水处理厂单位时间内处理的污水量

2003 版矛盾矩阵参数表

附表 2

编号	参数名称	编号	参数名称
1	运动物体的质量	25	物质损失
2	静止物体的质量	26	时间损失
3	运动物体的长度/角度	27	能量损失
4	静止物体的长度/角度	28	信息损失
5	运动物体的面积	29	噪声
6	静止物体的面积	30	有害排放
7	运动物体的体积	31	系统产生的其他有害影响
8	静止物体的体积	32	适应性及多用性
9	形状	33	兼容性/可连接性
10	物质或事物的数量	34	可操作性
11	信息的数量	35	可靠性/稳健性
12	运动物体的耐用性	36	可维修性
13	静止物体的耐用性	37	系统的安全性
14	速度	38	系统的脆弱性
15	力/扭矩	39	美观/外观
16	运动物体消耗的能量	40	作用于系统的其他有害影响
17	静止物体消耗的能量	41	可制造性
18	功率	42	制造精度/一致性
19	应力或压力	43	自动化程度
20	强度	44	生产率
21	结构的稳定性	45	设备的复杂性
22	温度	46	控制的复杂性
23	光照强度	47	检测/测量能力
24	功能效率	48	测量精度

注：现有 2003 版矛盾矩阵参数，但在本书中依然采用经典版本矛盾矩阵参数。

1. 分割原理

分割原理指将一个物体分成独立的部分,使物体易于拆卸,增加碎片化或细分程度。当原有物体的整体或宏观系统需要执行某一功能时,由于条件不满足或所需要的条件过于苛刻,此时采用分割原理将其细分化,降低所需条件的临界值。生活中常见的中性笔即采用了分割原理,将笔芯与笔套分开,不仅便于用户更换笔芯,同时也便于厂商标准化生产。

反渗透装置能够去除水中溶解性无机物质、细菌等,是水处理中制备纯水的关键设备。附图 3-1 为超纯水制备工艺流程图,原水经多介质过滤器及反渗透装置,可有效地去除原水中97%以上的溶解性无机物质、分子质量大的有机物、99%以上的包括细菌等在内的各种微粒[3]。该装置采用多个反渗透膜元件,通过增加元件可大幅提升纯水的生产率(39),同时也维持了良好的可维修性(34),仅需定期更换反渗透膜元件即可。

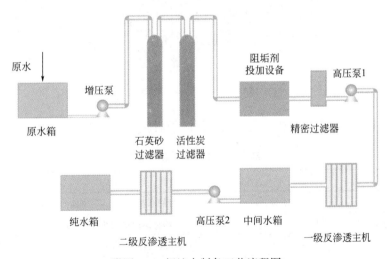

附图 3-1 超纯水制备工艺流程图

分割原理主要解决附表 3-1 所列参数之间的矛盾。

分割原理解决的主要矛盾	附表 3-1
矛盾的参数序号	改善/维持
26/32	物质或事物的数量/可制造性
32/2	可制造性/静止物体的质量

续表

矛盾的参数序号	改善/维持
12/32	形状/可制造性
39/34	生产率/可维修性

2. 抽取原理

抽取原理主要指系统环境或物体内部出现特定的部分或属性，这部分或属性可能对系统有益也可能对系统无益，系统又恰好需要将特定的部分或属性单独抽取出来。现在大部分的废物利用就是利用了抽取原理，将废物中不利于系统的属性抽取出来，在降低污染的同时，更好地服务人类生活。

在水处理中，有时也会用抽取原理来提高效率或解决问题。比如，经曝气池和沉淀池产生的剩余污泥含水率极高，体积大，增加了占地面积。为了解决这一矛盾，需要改善的参数是运动物体的体积（7），而需要保持的参数是运动物体的质量（1）。因此，工程师们发明了如附图 3-2 所示的污泥浓缩池，利用重力将污泥浓缩。相比以前的高含水污泥，浓缩后的污泥不仅体积减小（7），而且污泥质量大幅降低（1），便于后续处理。

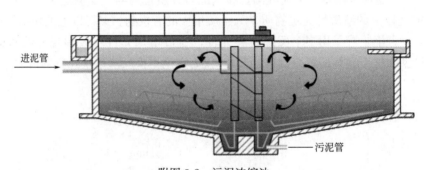

附图 3-2　污泥浓缩池

抽取原理主要解决附表 3-2 所列参数之间的矛盾。

抽取原理解决的主要矛盾　　　　　　　　　　　　　　　　　　附表 3-2

矛盾的参数序号	改善/维持
31/7	物体产生的有害因素/运动物体的体积
15/27	运动物体的耐用性/可靠性
7/1	运动物体的体积/运动物体的质量
1/33	运动物体的质量/可操作性

3. 局部质量原理

局部质量原理是指系统资源局部配置的优化，通过局部质量优化，达到系统整体资源配置的优化。如将对象的结构或外部因素从均匀更改为非均匀，使对象的每个部分都在最适合其操作的条件下运行，并承担不同的功能。所谓"好钢用在刀刃上"说的就是这个意思。

离心泵是水处理中用于提升液体的关键性基础设备，其主要由泵体、叶轮、泵轴组成。若全部采用相同材料，则部分材料未充分使用或不能满足使用要求，因此根据每部分的特定需要采用不同的材料。如污水提升泵泵体一般采用低镍铬铸铁，叶轮通常采用高铬铸铁，而泵轴主要采用 35 号钢；用于传递动力的泵轴是污水提升泵的关键零件，它的好坏决定了整体的效果，同时其价格是其他部件的两倍。在这里便体现了局部质量原理的思想，为了增强泵轴对多种不利环境的适应性及多用性（35）且不增加物质或事物的数量（26），便对泵轴局部强化，即使用更高品质的材料。这不仅保证了泵轴支撑叶轮转动，而且使其具有高强度、耐高温、耐腐蚀的特性。因此根据局部质量原理，将关键部件采用优质材料是十分值得的。最后局部质量原理与前文所述的分割原理有相似之处，两者都提到了分离，但后者强调分离后的独立，而前者着重于分离以使部分得到强化。

局部质量原理主要解决附表 3-3 所列参数之间的矛盾。

局部质量原理解决的主要矛盾　　　　　　　　　　　　　　　　　　　附表 3-3

矛盾的参数序号	改善/维持
10/27	力/可靠性
29/14	制造精度/强度
26/36	物质或事物的数量/设备的复杂性
35/26	适应性及多用性/物质或事物的数量

4. 不对称原理

不对称原理指利用系统状态的改变来达到优化系统的目的，可将对象的形状从对称改为不对称；如果对象已经不对称，则增加其不对称程度；或是利用不对称维持系统的某种状态，改变系统的参数或者属性等。不对称原理与局部质量原理有相似之处，均给人以不协调的感觉，但后者主要强调不均匀后满足功能的多样化，而前者更多强调的是加深多功能化的程度，利用对系统状态的改变来达到优化和深化系统功能目的。飞机机翼便利用了不对称性原理，其上下表面不对称，形成压力差以产生升力。在给水排水工程设计中，为了防止介质倒流导致驱动电动机反转，往往在关键部位设置单向阀，单向阀中阀瓣所处的阀体尺寸大小不对称，阀瓣的尺寸大于阀体进水处孔道的尺寸。如附图 3-3 所示，当水流逆向流动时，逆流产生的压力将钢珠紧紧卡在阀体内部管径变化的部位，无法将阀瓣挤压而使得进水口孔道打开，从而切断流动；当钢珠受到正方向的水流压力时，阀瓣会在水流的挤压下而收缩使得出口的孔道打开，水流正常通过。

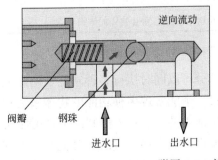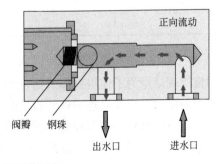

附图 3-3　单向阀工作过程

由于单向阀中进出水口处的管径大小不对称，使得其具有防止液体倒流的功能；其中改善的参数是自动化程度（38），依靠阀体自身孔道尺寸的不对称性而实现防止介质倒流功能，无需人为操作。由于结构不对称增加了防止逆流功能，使得双向阀变成单向阀，虽然减少了双向流动，但增加了仅能单向流动，总体维持了该阀的适应性及多用性（35）。

不对称原理主要解决附表 3-4 所列参数之间的矛盾。

<table>
<tr><td colspan="2" align="center">**不对称原理解决的主要矛盾**</td><td align="right">**附表 3-4**</td></tr>
</table>

矛盾的参数序号	改善/维持
1/17	运动物体的质量/温度
3/5	运动物体的长度/运动物体的面积
12/7	形状/运动物体的体积
38/35	自动化程度/适应性及多用性

5. 组合原理

组合原理是使相同或相似的对象更紧密地结合或合并在一起，组装相同或相似的部件以执行并行操作或使操作连续，并及时将它们结合在一起。一方面是在系统上把多个子系统合并成一个整体系统，增强其某方面的实力；另一方面是功能上的衔接，使其组合后可以承担更复杂的活动。生活中的各类工具包便应用了组合原理。

水处理中需要经常测量温度、pH、电导率、溶解氧、浊度等参数，一般一种探头测定一种参数，频繁换探头测量不方便现场人员操作，为此可采用组合原理解决这个问题，多参数水质分析仪将不同探头整合到同一个控制器，控制器显示不同水质参数，并可将数据上传到云端。一套设备集合多种参数测量，降低了水质测量的难度，改善了可操作性（33）。组合前有多个探头及其控制器，组合后将不同控制器合并为一个，保持甚至改善了设备的可制造性（32）。

组合原理主要解决附表 3-5 所列参数之间的矛盾。

<table>
<tr><td colspan="2" align="center">**组合原理解决的主要矛盾**</td><td align="right">**附表 3-5**</td></tr>
</table>

矛盾的参数序号	改善/维持
1/15	运动物体的质量/运动物体的耐用性
33/32	可操作性/可制造性
1/35	运动物体的质量/适应性及多用性
2/8	静止物体的质量/静止物体的体积

6. 多用性原理

多用性原理是指为了使得物体或物体的一部分可以同时执行多种功能，消除或减少对其他部分的需要。多用性原理的核心目的是通过一个能实现多种功能的物体来去掉多余部件，从而实现节省材料、空间和成本的目的。生活中的瑞士军刀便利用了多用性原理。

溶气泵是溶气气浮机中最关键的部分，可实现回流水和空气的充分混合。溶气泵主要由泵体、泵轴、叶轮、叶片组成，空气与水一起进入溶气泵内，高速旋转的叶轮将吸入的空气多次切割成微气泡，微气泡在泵的高压作用下迅速溶解于水中，在泵内完成溶气水的制备过程，之后通过管路从水泵出口将其送入气浮室完成气浮过程[4]。溶气泵可实现溶气供给水、供气与制备溶气水的三项功能，其适应性及多用性（35）得到提升，以其为核心的现代气浮设备代替了以水泵、空压机、溶气罐为主的传统气浮设备。在泵内高压环境下气体与液体充分混合，溶解效率可达 80%～100%，所产生的气泡细微且弥散均匀，气浮处理的效率即生产率（39）得到大幅度改善。

多用性原理和抽取原理相似，后者是将一个系统或者物体中对系统无益的部分或属性提取出来，"提取无益部分"与"消除或减少对其他部分的需要"相似；两者不同之处在于，抽取原理强调系统需要将特定部分或属性抽取出来，而多用性原理强调消除或减少对其他部分的需要以达到执行多种功能的目的。多用性原理还和组合原理有相似之处，但后者更强调部分进行合并同类项，前者则强调一个物体发挥多种功能。

多用性原理主要解决附表 3-6 所列参数之间的矛盾。

多用性原理解决的主要矛盾 　　　　　　　　　　　　　附表 3-6

矛盾的参数序号	改善/维持
1/17	运动物体的质量/温度
35/1	适应性及多用性/运动物体的质量
35/39	适应性及多用性/生产率
2/16	静止物体的质量/静止物体的耐用性
2/26	静止物体的质量/物质或事物的数量

7. 嵌套原理

嵌套原理是指将一个对象放入另一个对象中，或者使一个零件穿过另一个零件的内部空腔。嵌套原理和组合原理有相似之处，后者强调同一层级系统之间的"合并"，而前者更注重不同层级系统的"合并"；生活中的天线及推拉门便利用了嵌套原理。

污水处理厂常用管道输送污泥或者泥水混合物，如果采用钢管输送，由于钢管内壁粗糙度高，会产生较大的摩擦损失，并且钢管也会因腐蚀导致内壁粗糙度增加，这会进一步增加能量损失；相反，塑料管道不但内壁光滑，而且不易腐蚀，能量损失大幅减少，但是塑料管道的硬度不够。鉴于此，便可以利用嵌套原理将塑料管嵌套到钢管的内部空腔，既起到了防腐作用，又能够提高硬度，减少能量损失，因此，目前市面上多用兼具此种功能的内衬塑复合钢管。此处改善的参数是能量损失（22），即通过降低粗糙度减少液体输送的摩擦能量损失，需要维持的参数有两个，对于管道而言是静止物体的体积（8），即减少管道的内径，而对于被输送的液体而言是运动物体的体积（7），即减少了能输送的污泥或泥水混合物的体积，这两个方面均可通过控制内嵌管的厚度得以控制。

嵌套原理主要解决附表 3-7 所列参数之间的矛盾。

嵌套原理解决的主要矛盾 　　　　　　　　　　　　　附表 3-7

矛盾的参数序号	改善/维持
3/7	运动物体的长度/运动物体的体积
22/8,7	能量损失/静止物体的体积,运动物体的体积

矛盾的参数序号	改善/维持
4/6	静止物体的长度/静止物体的面积
4/12	静止物体的长度/形状

8. 质量补偿原理

质量补偿原理是指将某一物体与另一种提供上升力的物体组合，以补偿其质量，或者通过与环境（利用空气动力、流体动力或其他力等）的相互作用，实现对物体的质量补偿。

在处理石化、煤矿、造纸、印染、屠宰、酿造等工业行业的污水时，为了去除与水的相对密度相似或较轻的悬浮物、油脂和胶状物等，往往采用平流式溶气气浮系统，通过气浮作用，让悬浮的污染物快速上浮、去除，如附图 3-4 所示。这里就用到了质量补偿原理，即将悬浮污染物与能提供上升力的微气泡组合，使悬浮污染物的相对密度小于水，快速浮到水面形成浮渣，上浮速度越快，处理效果越好。水面设有刮板系统，能将浮渣及时刮入污泥池，清水则从下部经溢流堰进入清水池。此处改善的参数是速度（9），通过微气泡提供上升力加快上浮速度，即加快污染物去除速度。需维持的参数有两个：一是强度（14），微气泡越大可粘附越多污染物，但结合强度变低；二是运动物体消耗的能量（19），微气泡越小消耗能量越多，且容易随水流进入下个滤池，造成气阻现象。以上两方面均可通过控制微气泡合适尺寸予以实现。

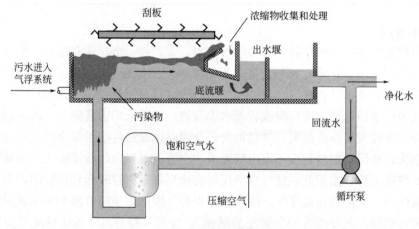

附图 3-4　污水处理中的平流式溶气气浮系统

质量补偿原理主要解决附表 3-8 所列参数之间的矛盾。

质量补偿原理解决的主要矛盾　　　　　　　　　　　　　　　附表 3-8

矛盾的参数序号	改善/维持
1/3	运动物体的质量/运动物体的长度
3/13	运动物体的长度/结构的稳定性
1/10	运动物体的质量/力

矛盾的参数序号	改善/维持
9/14,19	速度/强度,运动物体消耗的能量
1/35	运动物体的质量/适应性及多用性

9.预先反作用原理

预先反作用原理是指预先给物体施加反作用，以补偿过量或者不想要的压力。如果知道系统在运行过程中，会有不利的或者有害的作用（负面作用）产生，则可以预先采取一定的措施来控制或抵消这种不利局面，防止负面作用产生不良后果。此原理主要应用于预防措施，防止出现不良的现象以及对系统有害的因素，在这些状况产生之前事先进行"补偿"，对系统或物体施加相反运动进而达到平衡。质量补偿原理在这一点上与预先反作用原理存在相似之处，在质量补偿原理中，为了使得质量这一有害因素得到控制，进行"补偿"。生活中的疫苗便利用了预先反作用原理。

在处理低温低浊水时，将沉淀池和滤池反冲洗的滤渣回流入原水中，增加原水中胶体颗粒的数量，加快絮体的形成，提高絮体的密度和沉降速度。其中改善的参数是强度（14），即絮体强度增加。而通过确定合适的回流比可以维持静止物体的体积（8）。

预先反作用原理主要解决附表3-9所列参数之间的矛盾。

预先反作用原理解决的主要矛盾　　　　　　　　　　　　　　　　**附表3-9**

矛盾的参数序号	改善/维持
2/32	静止物体的质量/可制造性
14/8	强度/静止物体的体积
6/4	静止物体的面积/静止物体的长度
7/14	运动物体的体积/强度

10.预先作用原理

预先作用原理主要指在需求执行之前，更改所需的对象（全部或部分）或是预先安排好物品，使其处于最方便的位置，从而节省使用/配送的时间，其主要目的是简化处理或工作流程，使其更方便地施行功能。商场内安置的灭火器便利用了预先作用原理。

在污水处理过程中，首先使用格栅对来水进行过滤处理，去除污水中的大颗粒杂质，以便减轻后续工序的负担，同时也降低了大颗粒杂质对后续处理单元的损坏。其中，改善的参数是"物质或事物的数量"（26），即污水中杂质的含量降低。在系统中增加格栅预处理单元，可以减轻后续水处理工艺的处理负荷，使得后续污水处理设施正常运行，维持了系统的可操作性（33），及时清除格栅上的截留物，可以维持可维修性（34）。

预先作用原理主要解决附表3-10所列参数之间的矛盾。

预先作用原理解决的主要矛盾　　　　　　　　　　　　　　　　**附表3-10**

矛盾的参数序号	改善/维持
26/33,34	物质或事物的数量/可操作性,可维修性
1/11	运动物体的质量/应力或压力

矛盾的参数序号	改善/维持
1/12	运动物体的质量/形状
1/24	运动物体的质量/信息损失

11. 事先防范原理

事先防范原理主要是指事先准备好应急装置，当对象可靠性降低时及时进行补偿，汽车安全气囊便利用了这个原理；与预先作用原理不同的是，前者强调防止有害因素的产生，而后者则强调简化功能的执行过程；若从加强系统稳定性这一角度来看，二者并无显著差异。

在污水处理厂中，当雨季导致进水量超过负荷，或者设备检修导致某处理单元无法正常处理污水时，为了保证安全和迅速恢复系统的正常运作，常常在厂内合理铺设超越管线，使进入污水处理厂的污水不经过处理，直接通过超越管线流至后续处理设备或直接排出厂外。应用超越管这一举措，改善了可靠性（27），即当某个设备出现问题时，可以短时间内恢复系统的正常运行；同时，超越管合理铺设，可以降低对其他管线的影响，减少整体的能量损失（22）。

事先防范原理主要解决附表 3-11 所列参数之间的矛盾。

事先防范原理解决的主要矛盾   **附表 3-11**

矛盾的参数序号	改善/维持
1/27	运动物体的质量/可靠性
27/22	可靠性/能量损失
2/34	静止物体的质量/可维修性
5/13	运动物体的面积/结构的稳定性

12. 等势原理

等势原理指通过改变物体的操作环境来避免升降物体带来的矛盾，或者根据系统的功能需求增添新的物质加以限制，从而满足其功能的要求；如电子线路设计中避免电势差大的线路相邻，两个不同高度水域之间运河上的水闸等。

传统污水处理系统中，采用沉淀池进行污水混凝沉淀，由于不能形成颗粒凝聚的良好条件，难以生成团粒型絮体，导致固液分离效率低；造粒流化床技术是在结团絮凝工艺的基础上改变传统的操作环境，运用上向流造粒流化床装置，通过合理控制混凝化学条件、流体动力学等条件和改变操作环境，使颗粒以有序的、逐一附着的方式与其余颗粒结合，形成比普通絮体更紧实的结团体，从而达到净化水质的作用，具有占地面积小，灵活性强，处理效率高，可同时完成固液分离和污泥浓缩的优点。其中改善的参数是可操作性（33），即造粒流化床中的高效固液分离装置既能实现废水连续处理，也能进行间歇处理，操作灵活性强，能满足不同处理需要；同时，固液分离在自我造粒流化床上部的固液分离区完成，一定程度上维持了物质或事物的数量（26）。

等势原理主要解决附表 3-12 所列参数之间的矛盾。

等势原理解决的主要矛盾　　　　　　　　　　　　附表 3-12

矛盾的参数序号	改善/维持
33/26	可操作性/物质或事物的数量
1/21	运动物体的质量/功率
4/21	静止物体的长度/功率
7/33	运动物体的体积/可操作性

13. 反向作用原理

反向作用原理主要体现的是创新思维中的逆向思维，即将解决问题的操作进行反转，如使可移动部件（或外部环境）固定，或使固定部件可移动或将对象（或进程）颠倒过来。司马光砸缸便体现了反向作用原理。

污水处理厂利用活性污泥处理生活污水时，为了满足微生物的正常需求，需要在曝气池中添加一定量的氧气。然而对于整个曝气过程可以认为是空气通入水中，采用逆向思维再对整个曝气过程进行分析发现，不仅仅是将空气通入水中，也可以看作是水进入空气，即转刷曝气方式。其中，改善的参数是强度（14），即增加了空气在水中的溶解度，增加了曝气的强度。同时，适量增加转刷曝气设备可维持设备的复杂性（36）。

反向作用原理主要解决附表 3-13 所列参数之间的矛盾。

反向作用原理解决的主要矛盾　　　　　　　　　　附表 3-13

矛盾的参数序号	改善/维持
14/36	强度/设备的复杂性
2/11	静止物体的质量/应力或压力
2/12	静止物体的质量/形状
2/23	静止物体的质量/物质损失

14. 曲面化原理

曲面化原理指使用曲线部件而非直线部件，将平面变为球面、将立方体（平行六面体）形状的部件变为球状结构，曲面化也是现在科技进步的一个趋势。建筑中采用的拱形或圆屋顶便体现了曲面化原理。

回顾格栅的发展历史可以发现，水处理中的格栅，正在从原有的机械格栅逐步向柔性化方向发展，演化到现在的回转格栅。柔性化是这个时代的潮流，不仅格栅的发展是这样，手机的屏幕也逐渐采用曲面屏，家里的电视、电脑屏幕等随处可见柔性化的趋势。针对格栅的柔性化可以看出，采用曲面化原理改进格栅应用，改善的是静止物体的质量（2），即格栅的质量得到改善，同时设计合理的曲度，可以维持静止物体的体积（8）。

曲面化原理主要解决附表 3-14 所列参数之间的矛盾。

曲面化原理解决的主要矛盾　　　　　　　　　　　附表 3-14

矛盾的参数序号	改善/维持
1/12	运动物体的质量/形状
2/8	静止物体的质量/静止物体的体积

矛盾的参数序号	改善/维持
2/12	静止物体的质量/形状
3/27	运动物体的长度/可靠性

15. 动态特性原理

动态特性原理主要指为了使更改对象（或外部环境）在操作的每个阶段实现最佳性能，将一个物体分成相对运动的几个部分，或将对象（或进程）刚性的或不灵活的部分移动或自适应。其主要目的就是使系统的各个子系统有相对独立性，可以在其最适条件下实现各自的最佳性能，从而使得系统更加稳定。生活中的可调节椅子便是利用这个原理。

如附图 3-5 所示，在 A^2/O 工艺中，为了防止水力停留时间和污泥龄以及碳源竞争之间产生矛盾，分别设置厌氧池、缺氧池和好氧池，使得聚磷菌、反硝化细菌和硝化细菌分别在其最适条件下生长，保证每个处理单元达到最佳性能。其中改善的参数是该工艺的适应性及多用性（35），即分成不同的池体使不同细菌具有不同的处理效果；而各反应单元功能独立，相互关系单一，工艺操作简单，运行管理难度小，维持了设备的复杂性（36）。

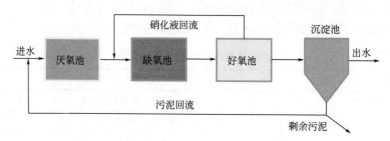

附图 3-5　A^2/O 工艺流程图

动态特性原理主要解决附表 3-15 所列参数之间的矛盾。

动态特性原理解决的主要矛盾　　　　　　　　　　　　　　　　　附表 3-15

矛盾的参数序号	改善/维持
1/3	运动物体的质量/运动物体的长度
35/36	适应性及多用性/设备的复杂性
1/35	运动物体的质量/适应性及多用性
2/21	静止物体的质量/功率

16. 不足或超额作用原理

不足或超额作用原理主要指的是，如果使用给定的求解方法很难实现 100% 的目标，那么使用相同方法的"稍微少一点"或"稍微多一点"来解决问题可能会容易得多。当无法确定是否可以刚好达到某一要求时，可以过度执行达成这一要求的行动或功能，当满足要求后，再去除超额部分即可。种玉米时放多粒种子以保证出苗率便利用了超额作用原理。

以重铬酸钾标准法测 COD 时，向一定体积水样中加入过量的重铬酸钾标准溶液，一

定量的浓 H_2SO_4 和 Ag_2SO_4 催化剂，加热回流 2h，使 $K_2Cr_2O_7$ 和有机物充分氧化冷却，再用水稀释，以试亚铁灵为指示剂，用硫酸亚铁铵标准溶液回滴剩余的重铬酸钾，溶液由橙黄色变为棕红色即为终点。为了保证 COD 测量准确，水样中的有机物被充分氧化，选择投加过量的重铬酸钾标准溶液便是采用了不足或超额作用原理，以确保试验准确[5]。其中，改善的参数是静止物体的耐用性（16），即加入过量的重铬酸钾溶液，使有机物充分氧化，缩短化学反应作用时间。控制重铬酸钾溶液的用量，使其能满足有机物氧化所需，又不至于导致过多重铬酸钾的浪费，维持了物质损失（23）。

不足或超额作用原理主要解决附表 3-16 所列参数之间的矛盾。

不足或超额作用原理解决的主要矛盾　　　　　　　　　附表 3-16

矛盾的参数序号	改善/维持
3/35	运动物体的长度/适应性及多用性
16/23	静止物体的耐用性/物质损失
5/17	运动物体的面积/温度
5/33	运动物体的面积/可操作性

17. 维数变化原理

维数变化原理主要指的是在二维或三维空间中移动对象的步骤，使用多层对象排列而不是单层排列，倾斜或重新定位对象，使其侧向放置或使用给定区域的"另一面"。当运动物体的长度、质量以及性能需要加强时，可以利用维数变化原理，在原本的空间上横向或垂直方向，额外增加子系统，或将原有物体的子系统分置在垂直方向或水平方向，以此来强化系统整体的稳定性，以满足外界的需求。生活中双层巴士便利用了维数变化原理。

传统单层滤料只包含单层均质滤料，会导致产生较大的水头损失，容易堵塞，难以发挥良好的截污能力。采用维数变化原理，在原有的过滤系统上增加多个相对独立的子系统，即多层滤料。多层滤料是采用 3 种或 3 种以上具有不同粒径和密度的滤料，构成较粗的滤料在系统顶部，较细的滤料在底部。滤料颗粒的有效粒径随水流方向而逐渐减小以接近理想滤料级配的要求，这样可增加滤料层的截污容量、延长过滤周期[6]。改善的参数是生产率（39），即增加了其处理水能力，滤料结构简单同时各层滤料之间的相互关系单一，维持了设备的复杂性（36）。

维数变化原理主要解决附表 3-17 所列参数之间的矛盾。

维数变化原理解决的主要矛盾　　　　　　　　　附表 3-17

矛盾的参数序号	改善/维持
1/5	运动物体的质量/运动物体的面积
39/36	生产率/设备的复杂性
2/37	静止物体的质量/检测的复杂性
3/5	运动物体的长度/运动物体的面积

18. 机械振动原理

机械振动原理是使物体振动或晃动，提高其频率（甚至可达超声波），可以利用物体的共振频率、压电振子代替机械振子、超声波和电磁场相结合的振荡方式。其主要目的是当系统本身的外界环境不足以支持系统满足某一功能时，此时可以考虑子系统或参与的介质处于振荡状态，从而强化系统的功能性。例如实验室中超声仪可清洗干净普通毛刷无法清洗干净的试验管，超声可以通过增加一个声场进而产生振动，增强清洗效果，从而使实验仪器更洁净。

如附图 3-6 所示，无论是给水厂还是污水处理厂，为了使杂质的去除效率更高，常常采用 V 型滤池。其主要是因为：

（1）V 型滤池采用粒径相对较粗的石英砂均质滤料及较厚滤层，具有较好的截污、纳污能力，并延长滤池工作周期；

（2）其孔隙率高于级配滤料的分级滤层，改善了过滤性能、提高了滤层的截污能力；

（3）气水反冲洗加表面扫洗，滤层不膨胀或微膨胀[7]；

以上优点是基于 V 型滤池采用气水反冲洗，气体从底部通过滤料，利用空气对滤层的扰动以及滤料相互碰撞与摩擦形成的剪切力，剥落滤料表面附着的污泥。其中，改善的参数是时间损失（25），通过扰动作用去除杂质，提高滤料的再利用，加快过滤的时间，采用气水反冲洗水量小，降低水厂自用水量和生产运行成本，同时降低了输送水所带来的能量损失（22）。

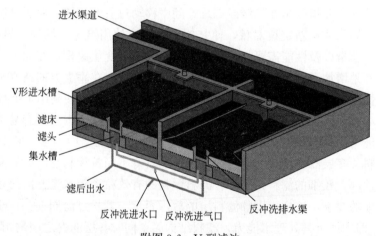

附图 3-6　V 型滤池

机械振动原理主要解决附表 3-18 所列参数之间的矛盾。

机械振动原理解决的主要矛盾　　　　　　　　　　　　　附表 3-18

矛盾的参数序号	改善/维持
1/10	运动物体的质量/力
25/22	时间损失/能量损失
1/21	运动物体的质量/功率
1/26	运动物体的质量/物质或事物的数量

19. 周期性作用原理

周期性作用原理指使用周期性或脉动动作代替连续动作，或更改周期性操作的周期性幅度、频率，或通过间歇性停顿来执行不同的动作的原理。生活中汽车的公里表以轮胎的圈数来计数就体现了周期性作用原理。

活性污泥法中的序批式反应器（SBR）是一种填充式活性污泥系统。如附图3-7所示，废水进入一个部分装满生物质的反应器，当达到所需的操作液位时，反应器进水停止，并开始特定的定时处理程序。由于每个反应器的进水流量不是连续的，因此至少需要两个反应器才能容纳具有连续进水流量的系统。SBR就是按照进水、反应、沉淀、排水、闲置不断周期循环的反应器。该反应器改善的参数是适应性及多用性（35），即一个池可以完成反应、沉淀等多种功能。同时在运行上的有序和间歇操纵，使得系统运行效果稳定且出水水质优于连续式，维持了功率（21）。

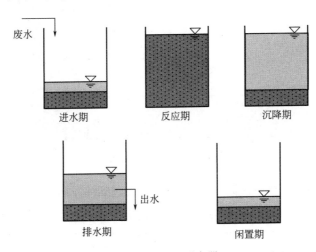

附图3-7　SBR反应器

周期性作用原理主要解决附表3-19所列参数之间的矛盾。

周期性作用原理解决的主要矛盾　　　　　　　　　　　　　　　附表3-19

矛盾的参数序号	改善/维持
1/13	运动物体的质量/结构的稳定性
35/21	适应性及多用性/功率
2/22	静止物体的质量/能量损失
3/36	运动物体的长度/设备的复杂性

20. 有效作用持续原理

有效作用持续原理主要指的是不间断地继续工作，使对象的所有子系统都不间断满负荷运转，消除所有空闲或间歇性的操作或工作，进而强化整体系统的功能性。当想要强化系统整体功能性时，可以让其每一个相互独立的子系统在条件允许的情况下满负荷运作，从而使整体系统达到要求。生活中的皮划艇使用双端划桨来不间断地划水便是这个原理的体现。

水处理中，格栅将一些污水中大垃圾、生活废品等影响后续工艺单元设施的杂质留下来，这些截留下来的杂质往往通过阿基米德泵送到垃圾收集站，进而运出。如附图3-8所示，当电动机带动泵轴转动时，螺杆一方面绕本身的轴线旋转，另一方面它又沿衬套内表面滚动，于是形成泵的密封腔室。螺杆每转一周，密封腔内的液体向前推进一个螺距，随着螺杆的连续转动，液体以螺旋形式从一个密封腔压向另一个密封腔，最后挤出泵体。以阿基米德泵为代表的螺杆泵是一种新型的输送液体的机械，具有结构简单、工作安全可靠、使用维修方便、出液连续均匀、压力稳定等优点[8]。其中，改善的参数是设备的复杂性（36）即减少了水由低处向高处流动的能量，螺杆泵的机械损失小，泵效率可高达90%，一定程度上维持了功率（21）。

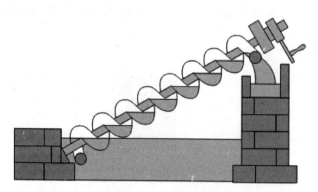

附图 3-8　阿基米德泵

有效作用持续原理主要解决附表 3-20 所列参数之间的矛盾。

有效作用持续原理解决的主要矛盾　　　　　　　　　　　　　　　　附表 **3-20**

矛盾的参数序号	改善/维持
1/25	运动物体的质量/时间损失
36/21	设备的复杂性/功率
9/22	速度/能量损失
10/35	力/适应性及多用性

21. 减少有害作用的时间原理

减少有害作用的时间原理指当系统无法避免执行一个有害或者危险的行为，此时使其高速进行某个阶段以减少作用时间（例如可破坏的、有害的或危险的操作），减少对系统或者外界造成的不利后果。因此这一原理也可称为快速通过原理，如某个路段危险，会有危险指示牌提示：请快速通过。

在污水处理系统中，丝状菌肩负着很重要的作用，其不但构成菌胶团的骨架，还具有很强的氧化分解有机物的作用，可以说是生物处理的"特种兵"。但是丝状菌过量繁殖会导致活性污泥膨胀，使污泥絮凝沉降性下降，影响出水水质并危害整个生物处理单元。为了维护生物处理系统的正常工作，抑制丝状菌的繁殖，可投加合适浓度的次氯酸钠进行控制。其中，改善的参数是速度（9），抑制丝状菌繁殖解决了污泥膨胀的问题，提高了生物处理的净化速度。同时，添加次氯酸钠是一种"杀敌一万，自损八千"的行为，长时间作用会对絮体微生物造成不利影响，而只投加合适浓度的次氯酸钠可降低物体产生的有害因素（31）。

减少有害作用的时间原理主要解决附表 3-21 所列参数之间的矛盾。

减少有害作用的时间原理解决的主要矛盾　　　　　　　　　附表 3-21

矛盾的参数序号	改善/维持
1/30	运动物体的质量/作用于物体的有害因素
7/30	运动物体的体积/作用于物体的有害因素
9/31	速度/物体产生的有害因素
27/26	可靠性/物质或事物的数量

22. 变害为利原理

变害为利原理主要指的是利用有害因素（特别是环境或环境的有害影响）来达到积极的效果，通过将主要的有害行为添加到另一个有害行为中来解决问题，或将有害因素放大到不再有害的程度。即常说的废物利用、以毒攻毒。

由于农村秸秆量大，而且分散，以前人们会在田地里直接把麦秸秆烧掉，而焚烧麦秸秆不仅造成严重的大气污染，还会破坏土壤结构，致使耕地贫瘠化。农田秸秆有机质含量高，富含农作物生长所需的营养元素，是土壤改良和肥力的重要来源，也是堆肥的较佳原料。将废弃麦秸秆用来当好氧堆肥的材料，可以实现秸秆的绿色利用，优化环境、防治污染。其中，改善的参数是物体产生的有害因素（31），废弃的麦秸秆不经处理直接焚烧会对环境产生危害，同时秸秆经好氧堆肥不但节省部分购买肥料的花费，而且堆肥过程简单，可在一定程度上维持时间损失（25）。

变害为利原理主要解决附表 3-22 所列参数之间的矛盾。

变害为利原理解决的主要矛盾　　　　　　　　　附表 3-22

矛盾的参数序号	改善/维持
1/31	运动物体的质量/物体产生的有害因素
31/25	物体产生的有害因素/时间损失
24/33	信息损失/可操作性
5/30	运动物体的面积/作用于物体的有害因素

23. 反馈原理

反馈原理主要指的是引入反馈（回顾、反复核对）以改进过程或行动，如果反馈已经被采用，则根据运行条件改变其大小或影响。

厌氧反应阶段，当产乙酸菌产生过多的乙酸，pH 会显著降低，则会导致产甲烷菌活性受阻不能及时将乙酸转化为甲烷，进而系统崩溃，在整个厌氧反应系统中这就是一种负反馈。因此产甲烷系统出现酸积累时要么需要外加药剂去除多余的酸，使其不再转化为甲烷，要么降低进料负荷、减小产酸速率，进而导致产甲烷量下降。这里，改善的参数是生产率（39），即提高产甲烷速率。同时，减少多余的进料负荷，降低了物质损失（23）。

反馈原理主要解决附表 3-23 所列参数之间的矛盾。

矛盾的参数序号	改善/维持
3/23	运动物体的长度/物质损失
5/38	运动物体的面积/自动化程度
39/23	生产率/物质损失
9/30	速度/作用于物体的有害因素

24. 中介原理

中介原理主要指的是使用中介载体物品或中介过程，将一个对象与另一个对象临时合并（可以很容易地删除）。画图时用直尺绘制辅助线，氧化沟导流墙等便利用了中介原理。

微砂沉淀技术是一种载体絮凝技术，也称加砂沉淀池或重介质速沉技术。如附图 3-9 所示，向混合液中投加一定比例混凝剂，使水中的悬浮物及胶体颗粒脱稳，然后在高分子助凝剂的作用下聚合成易于沉淀的絮凝物，而斜管沉淀技术大大提高了水的循环速度，因此减少了沉淀池底部的面积。微砂沉淀技术加快了沉淀速度且减少了絮凝时间[9]。在整个沉淀过程中，高密度的不溶解质颗粒相当于一种中介，利用其自身的重力沉降及载体的吸附作用加快絮体的生长及沉淀，并获得极高的沉淀速度。引入微砂"中介"改善悬浮物沉降性能，提高处理水的能力，即改善了生产率（39）。同时"微砂"易于分离，可保持设备原有的复杂性（36）。

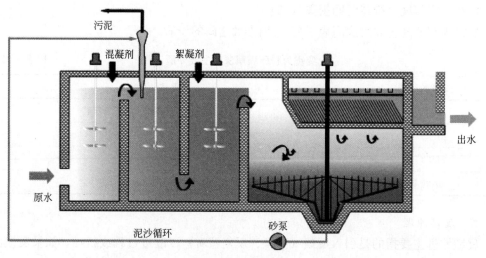

附图 3-9　微砂沉淀池

中介原理主要解决附表 3-24 所列参数之间的矛盾。

矛盾的参数序号	改善/维持
1/24	运动物体的质量/信息损失
4/24	静止物体的长度/信息损失

续表

矛盾的参数序号	改善/维持
30/19	作用于物体的有害因素/运动物体消耗的能量
39/36	生产率/设备的复杂性

25. 自服务原理

自服务原理是使一个对象通过执行辅助的、有帮助的功能为自己服务，或是利用浪费的资源、能源或物质，水处理中的重力式无阀滤池便利用了自服务原理，如附图 3-10 所示。

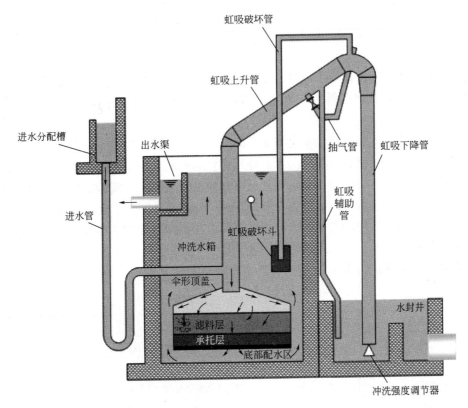

附图 3-10　重力式无阀滤池

重力式无阀滤池开始过滤时，虹吸上升管与冲洗水箱中的水位差 H_0 为过滤起始水头损失。随着过滤时间的延续，滤料层水头损失逐渐增加，虹吸上升管中水位相应逐渐升高。管内原存空气受到压缩，一部分空气将从虹吸下降管出口端穿过水封进入大气。当水位上升到虹吸辅助管的管口时，水从辅助管流下，依靠下降水流在管中形成的真空和水流的挟气作用，抽气管不断将虹吸管中空气抽出，使虹吸管中真空度逐渐增大。其结果，在虹吸上升管中的水吸上升至一定高度的同时，虹吸下降管也将排水水封井中的水吸上至一定高度。当上升管中的水越过虹吸管顶端而下落时，管中真空度急剧增加，达到一定程度时，下落水流与下降管中上升水柱汇成一股冲出管口，把管中残留空气带走，形成连续虹吸水流。这时，由于滤层上部压力骤降，促使冲洗水箱内的水沿着过滤时的相反方向进入虹吸管，滤层因而受到反冲洗[10]。在整个过滤反冲洗的过程中，减少了人为控制，改善的参数是自动化程度（38）。虽然虹吸产水量低，但其成本低，可通过多增加几座滤池的方式增加整体产水量，维持甚至改善其强度（14）。

自服务原理主要解决附表 3-25 所列参数之间的矛盾。

自服务原理解决的主要矛盾 附表 3-25

矛盾的参数序号	改善/维持
2/37	静止物体的质量/检测的复杂性
4/18	静止物体的长度/光照强度
38/14	自动化程度/强度
7/28	运动物体的体积/测量精度

26. 复制原理

复制原理是指与其使用不可用的、昂贵的以及易碎的对象，不如使用更简单、更便宜的仿制品，或是用光学副本替换一个物体或过程。目前流行的虚拟仿真便是典型的复制原理。

设计好氧颗粒污泥与有机负荷之间关系的实验时，一般要经过中试阶段，以便模拟真实的环境，此时的中试便是对实际污水处理厂环境的复制。由于实际环境条件的限制，无法模拟现场的水质或有机负荷，而采用复制原理便很好地解决了实验室与实际情况之间的差距。其中，改善的参数是设备的复杂性（36），即用模型代替了现场环境，抓住主要矛盾，忽略掉了实际操作中的其他因素。中试阶段会比实际监测更多参数，在一定情况下保持其整体测量精度（28），可尽量模拟真实情况。

复制原理主要解决附表 3-26 所列参数之间的矛盾。

复制原理解决的主要矛盾 附表 3-26

矛盾的参数序号	改善/维持
36/28	设备的复杂性/测量精度
12/33	形状/可操作性
2/26	静止物体的质量/物质或事物的数量
1/28	运动物体的质量/测量精度

27. 廉价替代品原理

廉价替代品原理主要指将一个昂贵对象替换为多个廉价对象，这些对象包含某些质量（比如服务寿命等），生活中的大部分一次性物品，如一次性餐具、纸杯等便是廉价替代品原理的应用典范。

在 A^2/O 脱氮除磷工艺中往往会出现碳源不足的现象，使用化学碳源（甲醇等）会导致运行成本的增加，若不进行额外补充，会影响微生物的活性进而影响处理效果，此时可以通过分段进水的方式弥补部分碳源不足。生物池进水属于廉价替代品，且含有微生物生长所需要的碳源。进水补充碳源的方式减少了昂贵的化学碳源的物质损失（23），而通过分段进水的方式，使得进水与混合液充分接触，维持了运动物体的耐用性（15）。

廉价替代品原理主要解决附表 3-27 所列参数之间的矛盾。

廉价替代品原理解决的主要矛盾　　　　　　　　　　　　　附表 3-27

矛盾的参数序号	改善/维持
1/14	运动物体的质量/强度
23/15	物质损失/运动物体的耐用性
19/27	运动物体消耗的能量/可靠性
26/32	物质或事物的数量/可制造性

28. 机械系统替代原理

机械系统替代原理指用感官（光学、听觉、味觉或嗅觉）手段代替机械手段，或是利用电场、磁场或电磁场与物体相互作用。如向天然气中添加难闻的气味，以提醒用户注意泄漏。

在水处理中，管道混合器是处理水与各种药剂实现瞬间混合的理想设备。当需要管道连续供给混合的液体时，可在与液体的合流位置设置混合器，管式静态混合器取消了罐和搅拌螺旋片，管内由旋转方向相反并相错 90°的螺旋叶片组成，搅拌操作在管内就可以进行，由此可简单地构筑连续混合生产过程。其中，改善的参数是速度（9），在不需要外动力的情况下，水流通过管道混合器会产生分流、交叉混合和反向旋流三个作用，使加入的药剂迅速、均匀地扩散到整个水体，大大提高了混合的速度；同时混合器的剪切力极小，不易破坏絮体，维持了物体结构的稳定性（13）。

机械系统替代原理主要解决附表 3-28 所列参数之间的矛盾。

机械系统替代原理解决的主要矛盾　　　　　　　　　　　　表 3-28

矛盾的参数序号	改善/维持
1/7	运动物体的质量/运动物体的体积
9/13	速度/结构的稳定性
18/32	光照强度/可制造性
26/9	物质或事物的数量/速度

29. 气液压力原理

气液压力原理主要指的是使用物体的气体或液体部件，而不是固体部件（例如充气、充液、气垫、流体静力学、氢反应），生活中的气垫船便利用了气液压力原理。

在管道施工时，若管道与道路或河沟高程相近，一般采用倒虹吸排水的方式。倒虹吸管在立面上呈弓弯向下的弓形，借助于上下游水位差产生的压力实现"局部地方的水往高处走"的排水方式。倒虹吸排水这一工程方式改善了生产率（39），即提高了水的输送效率，并且其代替了需要大量能耗的机械排水，尽管增大了污水的水头损失，但整体上降低了系统的能量损失（22）。

气液压力原理主要解决附表 3-29 所列参数之间的矛盾。

气液压力原理解决的主要矛盾　　　　　　　　附表 3-29

矛盾的参数序号	改善/维持
1/3	运动物体的质量/运动物体的长度
39/22	生产率/能量损失
26/37	物质或事物的数量/检测的复杂性
12/23	形状/物质损失

30. 柔性壳体或薄膜原理

柔性壳体或薄膜原理主要指的是使用柔性外壳和薄膜代替三维结构，或使用柔性外壳和薄膜将物体与外部环境隔离，如日常使用的保鲜膜。值得注意的是，从刚性到柔性转变是技术进化的重要方向，具有节省材料，减少占地面积的优点。

有些污水处理厂采用橡胶管微孔曝气的方式来提升水中的溶解氧浓度，它在布满细小气孔的管体上覆盖一层带有曝气孔的橡胶膜，由于橡胶膜具有良好的伸缩性，当气体通过管体上的气孔将气压作用在橡胶膜上时，橡胶膜上的曝气孔膨胀开，使得空气通过曝气孔向水中均匀扩散，从而达到充氧的目的；当停止曝气时，橡胶膜曝气孔处于准封闭状态，因而气孔不易堵塞。在这项技术中，改善了单位时间内的溶氧速率即功率（21），而橡胶薄膜较薄，不会大幅增加曝气管道厚度，维持了静止物体的体积（8）。

柔性壳体或薄膜原理主要解决附表 3-30 所列参数之间的矛盾。

柔性壳体或薄膜原理解决的主要矛盾　　　　　　　附表 3-30

矛盾的参数序号	改善/维持
1/36	运动物体的质量/设备的复杂性
21/8	功率/静止物体的体积
13/23	结构的稳定性/物质损失
23/7	物质损失/运动物体的体积

31. 多孔材料原理

多孔材料原理主要指的是使物体多孔或添加多孔元素（插入物、涂层等），或是利用这些已有的孔来引入有用的物质或功能，建筑中常用的保温材料便是利用了多孔材料原理。

在水处理中，常利用多孔材料原理提高单位体积的比表面积以达到吸附和富集目标污染物的目的，从而提高处理效率。当污水处理厂采用活性污泥法处理废水时，通过活性污泥的本身的吸附性能可以将污染物吸附到污泥表面，并通过微生物作用达到去除污染物的效果。比表面积越大的污泥，吸附性能越佳，能够达到更好的处理效果。相对于活性污泥而言，颗粒污泥对重金属离子的吸附能力更强，因为颗粒污泥具有更大的比表面积及孔隙率。其中改善的参数是功率（21），即提高了吸附的表面积。同时保证体积基本不变，维持结构的稳定性（13）。

多孔材料原理主要解决附表 3-31 所列参数之间的矛盾。

多孔材料原理解决的主要矛盾　　　　　　　　　　　　附表 3-31

矛盾的参数序号	改善/维持
8/36	静止物体的体积/设备的复杂性
21/13	功率/结构的稳定性
16/26	静止物体的耐用性/物质或事物的数量
17/37	温度/检测的复杂性

32. 改变颜色原理

改变颜色原理主要指的是改变一个物体（或其外部环境）的颜色，或是改变一个对象（或其外部环境）的透明度，通过对物体这些属性的改变，使其更方便执行某项功能。如工业管道常被设计为不同颜色，在其执行本身的功能时也方便其他人员辨认管道类型。此外，比色法及分光光度计法化学分析的方法均属于此类原理的应用。

实验中用显微镜直接观察细胞等微观结构时，无法清楚辨认细胞的各个部位。但是通过染色能够有效观察到细胞的结构。其中，改善的参数是检测的复杂性（37），即降低了观察细胞结构的难度，而染色过程相对整体时间较少，基本维持了时间损失（25）。

改变颜色原理主要解决附表 3-32 所列参数之间的矛盾。

改变颜色原理解决的主要矛盾　　　　　　　　　　　　附表 3-32

矛盾的参数序号	改善/维持
3/18	运动物体的长度/光照强度
5/28	运动物体的面积/测量精度
37/25	检测的复杂性/时间损失
32/14	可制造性/强度

33. 同质性原理

同质性原理指与主要系统相关的次要系统应具有相同的材质（或同属性材质）。当系统稳定性较差时，为了增加系统整体的稳定性或强化一个物体的部分属性时，可以用同质性原理使得系统整体采用一种相同材质，或使物体的每个部分都具有一定相同的属性，提高系统的稳定性。生活中需多个设备组合时常采用相同材料增强耐用性，这便是同质性原理的体现。

储存化学药剂时，通常采用与容纳物相同的材料制作容器，以减少化学反应。化学实验中，使用橡胶塞储存碱性溶液，使用玻璃塞储存酸性溶液。其中，改善的参数是作用于物体的有害因素（30），即减少了部分溶液的损失，这样仅增加一种盖子数量，基本维持了物质或事物的数量（26）。

同质性原理主要解决附表 3-33 所列参数之间的矛盾。

同质性原理解决的主要矛盾　　　　　　　　　　　　附表 3-33

矛盾的参数序号	改善/维持
5/30	运动物体的面积/作用于物体的有害因素
9/13	速度/结构的稳定性

矛盾的参数序号	改善/维持
30/26	作用于物体的有害因素/物质或事物的数量
11/31	应力或压力/物体产生的有害因素

34. 抛弃或再生原理

抛弃或再生原理主要指的是使一个物体已经完成其功能部分后消失（通过溶解、蒸发等方式），或在操作过程中直接修改这些部分，抑或系统中用过的零件在工作过程中重新发挥作用。生活中的溶解性胶囊便是利用抛弃或再生的原理。

在污水处理中，为除去一些胶体物质，向混合液中投加高分子絮凝剂，高分子絮凝剂通过自身的极性基或离子基团与质点形成氢键或离子对，加之范德华力而吸附于质点表面，在质点间进行桥连形成体积庞大的絮状沉淀，从而与水溶液分离。其特点是絮凝剂用量少，体积增大的速度快，形成絮体的速度快，絮凝效率高，改善了生产率（39）；絮凝剂不具有二次使用价值，经过沉淀后和污染物一同排出，维持了运动物体的体积（7）。

抛弃或再生原理主要解决附表 3-34 所列参数之间的矛盾。

抛弃或再生原理解决的主要矛盾　　　　　　　　　　　　　　　　　　附表 **3-34**

矛盾的参数序号	改善/维持
1/3	运动物体的质量/运动物体的长度
16/8	静止物体的耐用性/静止物体的体积
39/7	生产率/运动物体的体积
19/26	运动物体消耗的能量/物质或事物的数量

35. 参数变化原理

参数变化原理主要包括改变一个物体的物理状态（例如变为气体、液体或固体）、改变浓度或稠度、改变物体灵活性或是改变温度等物体固有的属性，使物体具有原本不具有的功能、属性，如将温度提高到一定程度后将铁磁性物质转化为顺磁性物质。

改变污染物化学状态的混凝技术在水处理中广泛应用。原水通常是由溶胶、悬浮液和真溶液组成的复杂分散体系。通过向原水中投加混凝剂，改变胶体表面所带的电荷，从而使胶体粒子和微小悬浮物聚集，即改变污染物的化学状态，去除原水中的有机物。混凝技术大幅提高了污染物去除速度（9），同时形成胶体的过程较为简单，维持了胶体的可制造性（32）。

参数变化原理主要解决附表 3-35 所列参数之间的矛盾。

参数变化原理解决的主要矛盾　　　　　　　　　　　　　　　　　　附表 **3-35**

矛盾的参数序号	改善/维持
4/35	静止物体的长度/适应性及多用性
9/32	速度/可制造性
35/11	适应性及多用性/应力或压力
24/38	信息损失/自动化程度

36. 相变原理

相变原理指利用体积变化、热量损失或吸收等相变过程实现其他目的，如蒸汽机便利用水蒸气的膨胀做功。

"双碳"愿景下，污水处理厂的热回收将成为研究的热点，热泵利用封闭热力学循环的汽化热和冷凝热做有用的功。其中，改善的参数是物质损失（23），即减少气体流失，而通过合理设计，可降低气体（运动物体）体积（7），同时减小冷却塔体积。

相变原理主要解决附表 3-36 所列参数之间的矛盾。

相变原理解决的主要矛盾　　　　　　　　　　　　　　　附表 3-36

矛盾的参数序号	改善/维持
20/10	静止物体消耗的能量/力
5/11	运动物体的面积/应力或压力
6/10	静止物体的面积/力
23/7	物质损失/运动物体的体积

37. 热膨胀原理

热膨胀原理主要指的是利用材料的热膨胀（或热收缩），可以同时使用多种热膨胀系数不同的材料，生活中的空气开关便应用了这个原理。

管道连接时通过冷却内部使其收缩，加热外部使其膨胀，将接头处连接在一起，并使其恢复平衡。其中，改善的参数是适应性及多用性（35），即使连接更加密实，为防管道变形，在适宜温度下连接，维持其形状（12）。

热膨胀原理主要解决附表 3-37 所列参数之间的矛盾。

热膨胀原理解决的主要矛盾　　　　　　　　　　　　　　　附表 3-37

矛盾的参数序号	改善/维持
3/29	运动物体的长度/制造精度
8/10	静止物体的体积/力
35/12	适应性及多用性/形状
10/37	力/检测的复杂性

38. 强氧化剂原理

强氧化剂原理指的是用富氧空气代替普通空气、用纯氧替换富氧空气，将空气或氧气暴露于电离辐射中电离氧气，或是用臭氧代替臭氧化的（或电离的）氧。如为杀灭厌氧细菌，手术时须在纯氧条件下进行。

工业中常有有机物难以降解或者一般化学氧化法难以处理的有机废水，此时芬顿法便是较好的选择。芬顿法以铁盐作为催化剂，利用 H_2O_2 对难降解有机物进行氧化降解[11]。其中，改善的参数是生产率（39），即提高了去除有机污染物的效率，同时，尽可能避免残留 Fe^{2+} 在处理的水中，维持物质或事物的数量（26）。强氧化剂原理主要解决附表 3-38 所列参数之间的矛盾。

强氧化剂原理解决的主要矛盾　　　　　　　　　　　　　　附表 3-38

矛盾的参数序号	改善/维持
1/17	运动物体的质量/温度
7/9	运动物体的体积/速度
8/16	静止物体的体积/静止物体的耐用性
39/26	生产率/物质或事物的数量

39. 惰性环境原理

　　惰性环境原理主要指的是用惰性环境代替正常环境，或向物体中加入中性部分或惰性添加剂，超市货架上鼓鼓的薯片是因为充入了氮气，形成惰性环境，延长保质期。

　　厌氧反应器启动时，通常会通入氮气，置换空气，创造有利于厌氧微生物生长的无氧环境。其中，改善的参数是物体结构的稳定性（13），即保证了厌氧微生物生长的稳定性。同时氮气适量，可维持能量损失（22）。

　　惰性环境原理主要解决附表 3-39 所列参数之间的矛盾。

惰性环境原理解决的主要矛盾　　　　　　　　　　　　　　附表 3-39

矛盾的参数序号	改善/维持
1/13	运动物体的质量/结构的稳定性
2/31	静止物体的质量/物体产生的有害因素
13/22	结构的稳定性/能量损失
13/6	结构的稳定性/静止物体的面积

40. 复合材料原理

　　复合材料原理主要指的是从均匀到复合（多种）材料的变化。复合（多种）材料可对称、均匀，也可不对称，倘若为不均匀的非对称复合材料，则此原理和局部质量原理在这一点上存在相似之处，倘若为对称的复合材料，则复合材料原理主要目的是增强子系统的特性或属性，当需要强化物体或子系统的个别属性时，可以采用复合材料原理。建筑常用的混凝土便是复合材料原理的典范。

　　目前研究的金属—有机框架材料（MOFs），是由有机配体和金属离子或团簇通过配位键自组装形成的具有分子内空隙的有机—无机杂化材料，具有多孔性和大的比表面积，可用于吸附和催化等领域。改善的参数是强度（14），即增强了吸附和催化能力。同时这种组合方式具有"1＋1＞2"的效果，降低了物质损失（23）。

　　复合材料原理主要解决附表 3-40 所列参数之间的矛盾。

复合材料原理解决的主要矛盾　　　　　　　　　　　　　　附表 3-40

矛盾的参数序号	改善/维持
2/13	静止物体的质量/结构的稳定性
6/26	静止物体的面积/物质或事物的数量
7/27	运动物体的体积/可靠性
14/23	强度/物质损失

第1类：物场模型的构建和拆解

为达到预期效果，需要补全不完整的系统或消除有害的影响。如果物场模型不完整或有害，可以通过物场模型的构建或拆解来解决问题。

这类物场模型分为两个子类，包含13个标准解。

1-1 构建物场模型

物场模型不完整时，可以通过引入物质或场，构建成完整的物场模型。

1-1-1 完善物场模型

物场模型由两种物质及场构成。当物场模型的三种要素缺失其中一个时，需要补全至完整，必须引入缺少的部分。

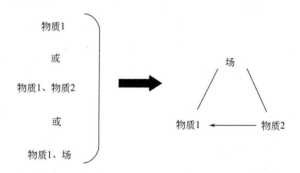

在水处理工艺的混凝过程中，悬浮物自然聚集的效果较差，因而就无法有效地完成混凝过程。因此，需要加入混凝剂，由混凝剂、污水中的悬浮物及化学场构成完整的物场模型，混凝剂使悬浮物颗粒聚集形成，最终达到去除污染物目的。

1-1-2 内部合成物场模型

当系统内的已有元素无法按需改变时，可以在物质1或物质2内部添加一个附加物质3。

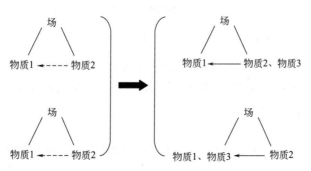

高密度澄清池，主要由反应区、沉淀浓缩区和斜管分离区构成。絮体在沉淀区和斜管分离区下沉至池底，形成污泥层并进行浓缩。浓缩区分为两层，位于排泥斗以上的上层为循环污泥，污泥在该层停留数小时，由于反应区负荷不够，絮凝效果不太好，可以加入附加物质沉淀区的污泥，用污泥泵将其抽吸至反应池入口，与原水混合进入反应池，增加水中泥渣浓度，大大提高絮凝速度。

1-1-3 外部合成物场模型

系统内的已有元素无法按需改变时，可以在物质 1 或物质 2 外部添加一个附加物质 3。

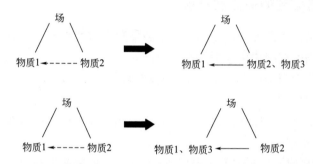

在水处理工艺中，单独投加混凝剂时往往导致形成的絮体形状较为松散，颗粒聚集效果较差，进而导致混凝效果变差。此时，可在投加混凝剂的同时，投加高分子助凝剂，从而提高颗粒的碰撞概率，加强絮体的凝聚效果，大大增强了悬浮物的去除效果。

1-1-4 环境的使用

系统内的已有元素无法按需改变，或无法内部引入时，可利用环境已有的资源实现改变。

臭氧对微生物有较强的杀伤力，利用对环境物质（空气）进行分解而获得的臭氧，将其引入水中，用以加强对水的消毒作用。

1-1-5 环境及其引入物质的物场模型

系统内的已有元素无法按需改变时，可以通过引入物质改变环境，达到需要的效果。

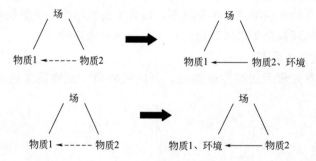

在水处理工艺的混凝过程中，使用混凝剂去除水中悬浮物时，混凝剂会发生水解反应，消耗水中碱度，因而会使水的 pH 降低，此时可投加碱性药剂如石灰等，使水的 pH 保持稳定，进一步提高混凝效率。

1-1-6 最小模式

如果要求的是作用最小模式，但又难以或不能提供，应先使用最大模式，再消除过剩物质或场。

要想依靠重力或手臂的力量拧干衣服上的水是不太容易的事，可以借助洗衣机，让衣服和洗衣机滚筒转起来，利用洗衣机的离心力把衣服上多余的水分去除。

1-1-7 最大模式

如果要求的是作用最大模式，但又难以或不能提供，可以将最大模式作用施加到另一物质上，通过另一种物质传递。

1-1-8 选择性最大模式

系统同时有强弱场，出现强场时需要引入物质来保护弱场。

当最大作用情况下，将一种保护性物质引入要求最小作用的所在区域；当最小作用情况下，将一种可以产生局部场的物质引入要求最大作用的所在区域。

1-2 拆解物场模型

1-2-1 引入新物质消除有害效应

系统存在有害作用，又无法限制物质 1 和物质 2 接触时，可在两者之间引入物质 3 以消除有害作用。

使用管道输送污水时，会发生不同程度的腐蚀，可能导致管道破裂，带来较为严重的危害。所以，为了避免这种有害效应的发生，可以在管道的外侧加入沥青涂料，从而达到防腐的效果，有效地避免了这种有害效应。

1-2-2 改变物质 1 或物质 2 消除有害效应

系统存在有害作用又不允许添加新物质时，可以改变物质 1 或物质 2 以消除有害效应。

1-2-3 排除有害作用

有害作用是由某个场造成的，引入物质 3 来消除场对物质 2 的有害作用。

当河流发生突发环境污染时，即河流中污染物超标时，水中的化学场会严重破坏微生物，导致河水中的生态系统失衡，造成严重危害。此时需要拦截受污染的河道，河道应急处理一般采用煤质粉末活性炭吸附水中的有害物质，达到降污的效果。

1-2-4 引入场 2 抵消有害作用

如果系统中存在有用作用的同时又存在有害作用，而且物质 1 和物质 2 必须直接接触，可以通过引入场 2 来抵消有害作用，或者将有害作用转变为有用作用。

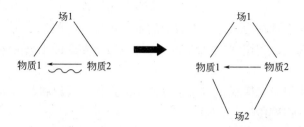

水泵系统工作时产生的噪声，水是物质 1，泵是物质 2，场是机械场 1，一个与所产生的噪声场 2 相位差 180°的声学场将抵消噪声。

1-2-5 切断磁影响

系统部分磁性质产生有害作用时，可通过加热使其处于居里点上消除磁性，或引入相反磁场。

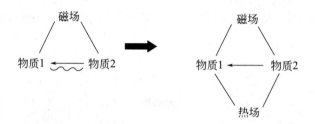

第 2 类：物场模型的改进

此类问题的物场模型，主要针对的是效应不足的物场模型，分为 4 个子类，包含 23 种标准解法。

2-1 转换到复杂的物场模型

此类物场模型主要讨论的是由单一物场模型向复杂物场模型的进化。

2-1-1 链式物场模型

把单一的模型转换为链式的模型。物质 3 通过场 2 作用于物质 2，物质 2 再通过场 1 作用于物质 1，形成链式物场模型，且这两个模型独立可控。

在早期一级处理中，主要采用物理的方式去除大的颗粒态的物质，但处理的污水仍存在大量的颗粒态物质和胶体态物质。之后，通过引入化学场，加强了对颗粒态物质的去除效果。

2-1-2 多物场模型

现有系统的有用作用不足，需要改进，但是无法改变已有系统的要素，可以引入场 2 加强作用。

在剩余污泥的脱水中，一般采用机械压滤脱水，但脱水后含水率仍达 80%，所以可以引入电场，在电场的作用下，污泥中的负电性颗粒通过电泳作用向阳极迁移，而处于双电

层—扩散层内的反离子携带水分，通过电渗作用向阴极迁移。进一步加强脱水效果，大大提高脱水效率。

2-2 加强物场模型

2-2-1 使用更易控制的场

可用容易控制的场替换控制较差的场，或者叠加到控制较差的场上，比如重力场替换机械场，机械场替换电场等。

在污泥浓缩时，采用重力浓缩，主要利用重力场的作用，浓缩池上层颗粒在重力作用下，使得下层颗粒间隙的水被挤出界面，颗粒间相互挤压得很密，从而达到脱水的目的。但由于重力场不可控，往往浓缩池的处理效果达不到预期。故可以采用离心浓缩，用机械场替代重力场，在机械场作用下使得污泥颗粒沉降，通过调节转速达到最佳的处理效果。

2-2-2 把物质 2 从宏观转换为微观

通过将物质 2 分成更小的组成来达到微观控制，加强系统的功能。

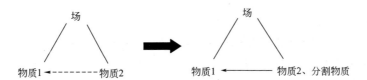

曝气池在进行曝气时，用更多小的微孔曝气头替换大的曝气设备，以此增加曝气的面积，增加传质效果，有效地提高了曝气效果。

2-2-3 改变物质 2 成为多孔物质或毛细材料

早期过滤一般采用石头、陶瓷等大的固体物质，处理效果相对较为粗糙，处理后水质达不到预期效果。之后采用多孔型的球形滤料、多孔活性炭等作为滤料，加强对污水中悬浮物的吸附，达到更好的处理效果。

2-2-4 提高系统的动态性，提高物场模型的效率

对于效率低下的系统，其物质是刚性的、永久的和非弹性的，可以通过向更加灵活和更加快速可变的方向进化来提高其效率，即提高动态化的程度。

水处理中，一般将潜污泵固定在池底，为污水的输送提供动力，但当水泵堵塞时，或是需要维修时，需要将池内的污水及泥排干，再进行维修，十分复杂。因此，可以通过提高系统的动态性来解决这种类型的问题。自耦式水泵利用导向杆通过自动连接装置移动。在下方，到达位置后会自动耦合，以达到简单方便的效果。需要维修时，可以使泵沿着导杆向上移动，使得系统的动态性得到提高。

2-2-5 动态场替代静态场

使一个均匀的场转换为不均匀的场，或是不受控制的场达到预定模型（永久或临时），来提高物场模型的效率。

利用固体床生物膜法处理污水时，微生物在其填料表面附着形成生物膜，生物膜的微生物吸收分解水中的有机物，使污水净化，但有些小的难溶性颗粒会导致固体床的生物膜发生堵塞，降低处理效果。可用流场替代，采用流化床生物膜法，以活性炭、砂、焦炭等较小的惰性颗粒为载体填在床体内，使污水以一定的流速从下而上流动，使载体处于流化状态，避免堵塞。

2-2-6 提高不均匀性

将物质从均匀物质或不受控物质变为预定空间结构（永久或临时）的非均匀物质。

2-3 通过匹配频率加强物场模型

2-3-1 使场的频率和物质 1 或物质 2 匹配或不匹配

在水处理工程中，由于钙镁离子等附着在金属仪器表面容易生垢，对仪器装置产生危害，大大减少使用寿命。电磁共振水处理，是通过复合频率技术及变频技术，经闭合螺旋线圈和加感线圈，在管腔内形成高效闭合环形变频电磁场，与不同黏度、温度、水质的水体产生共振，有效改变原水的物理结构和特性，即使原水中的钙镁离子加速振动，也不会吸附在金属表面，打断水分子团的结合键，提高钙镁离子等的溶解度，从而达到防垢的目的。

任何物质都有自己固有的频率，水垢属于无机盐类，一般设备的外壳都是金属材料制

作，水垢和金属材料的振荡频率不同。电子水处理仪释放的高频振荡波，对附着在金属材料表面的水垢产生共振，即击碎剥离，由表及里，循环进行，从而达到除垢的效果。同时，当水流经高压、高频电磁场时，水中的重碳酸盐中的钙、镁离子和各重碳酸根离子会在高压、高频电磁场的作用下，失去化学性、物理性和相互吸引的能力，逐渐形成晶体团沉入底部，随排污排出，从而达到防垢的目的。

2-3-2 使不同场的固有频率匹配

系统若属于使用 2 个不同场的物场模型，可以将 2 个场的固有频率匹配，以此来加强系统的功能。

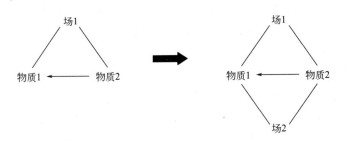

2-3-3 周期性作用

两个独立的动作，可以让一个动作在另一个动作间歇时间内完成来提高系统的工作效率。

2-4 铁场模型（合成加强物场模型）

铁磁材料和磁场的结合是改进系统性能的有效途径。

2-4-1 在物场模型中加入铁磁物质和磁场

混凝是指在污水处理过程中，通过向污水中投加药剂，污水与药剂混合，从而使水中的胶体物质产生凝聚或絮凝，达到污水净化的目的。但随着国家对污水处理厂水质的严格要求，对混凝效率提出更为严格的要求，为加强混凝阶段的悬浮物去除，可以引入磁场和铁磁物质。磁混凝技术便应运而生，在普通的混凝沉淀工艺中同步加入磁粉，引入磁场，使之与污染物絮凝结合成一体，使生成的絮体密度更大、更结实，以加强混凝、絮凝的效果。磁粉可以回收循环使用。

2-4-2 结合 2-2-1 和 2-4-1，利用铁磁材料与磁场提高系统的可控性

构建铁磁场模型替代物场模型，用易控场替换可控性差的场，从而提高系统的可控性。

2-4-3 使用磁流体

磁流体是指胶状铁磁粒子在煤油、硅树脂等的悬浮液。使用磁流体加入系统，加强系统的功能和可控性。

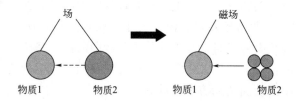

2-4-4 铁磁场模型中应用毛细管结构

将铁磁场的物场模型中的固体物质替换成多孔或毛细管结构的物质，加强系统的功能。

2-4-5 利用附加物（如涂层）使非磁性物体获得永久或临时的磁性

当系统不允许引入铁磁性物质时，可以利用附加物使非磁性物质获得永久或临时的磁性。

2-4-6 将铁磁材料引入环境中

当系统不允许引入铁磁性物质，同时也不允许加入附加物，可将铁磁材料引入环境中，加强系统的作用。

2-4-7 利用物理效应控制铁磁系统

利用物理效应增强铁磁场模型的功能和可控性，如将物质加热到居里点以上使其失去铁磁性。

2-4-8 使用动态、可变或自调的磁场

在铁磁场的模型中使用动态、可变或自调的磁场，加强系统的可控性。

2-4-9 用结构化的磁场更好地控制或移动铁磁物质颗粒

用结构化的磁场更好地控制或移动铁磁物质颗粒，加强系统的功能。

2-4-10 在铁场模型中匹配频率

通过匹配铁磁场模型中场与物质的频率加强模型的功能。

2-4-11 用电流产生磁场

当禁止引入铁磁粒子或不易将一个物体进行磁化时，可引入电流，由此来产生电磁场。

2-4-12 利用电场控制黏度使电流变成流体

利用改变电场来控制电流变成流体的速度和控制液体黏度。

第 3 类：向超系统和微观系统过渡

为了在超系统或子系统中寻找解决方案，为了改进不足之处，提出了将进化趋势应用于系统的方法。此级解法主要是把问题向超系统转化，或者寻找微观水平的改变。分为 2 个子类，包含 6 种标准解。

3-1 向双系统和多系统转化

3-1-1 创建双、多系统

在水的输送过程中，为提高水泵的扬程，可以串入多级叶轮，经过多级加速，水泵的扬程增大。

板框式压滤机是由滤板和滤框排列组成滤室，其中滤板是交替排列的，通过多级的滤板，提高了压滤机的脱水效率。

3-1-2 加强双、多系统内的链接

管道之间使用法兰连接，链接可以更灵活或更刚性。

3-1-3 系统转化，加大元素间的差异

在污泥浓缩时，采用重力浓缩，利用上层颗粒的作用，将下层颗粒间隙中的水挤出，颗粒间变得紧密，但泥水分离效果不佳，浓缩后的污泥含水率仍旧很高，很难达到预期。原因是污泥与水之间分离不彻底，可以加大污泥与水之间的分离效果。使用气浮浓缩的方法，减压后的溶气水大量释放出微细气泡，并迅速附着在污泥上，水向下，污泥向上，达到泥水分离的最佳效果，因此处理后的污泥含水率大大降低。

3-1-4 系统简化

减少/修剪组件，或是将多个组件集合到一个组件中，仍能实现所有的功能。

高密度澄清池集混凝、絮凝及沉淀于一体，可以完成多个功能。

3-1-5 系统转化：在超系统和子系统表现相反功能

回转式格栅中的耙齿链是柔性的，在电动机作用下自上而下循环运动，但组成耙齿链的每个耙齿机件都是刚性的。

3-2 向微观系统转化

水处理阶段，混凝添加的药剂采用阳离子聚丙烯酰胺时，通常是让污水中悬浮颗粒带阴电荷的污水进行絮凝沉淀。在絮凝装置中，采用阳离子型的酸性或碱性介质，依靠阳电性可以高效地使污水迅速澄清。而阳离子聚丙烯酰胺效果主要取决于它的离子度，阳离子的离子度是指聚丙烯酰胺中含有的正电荷离子的数量，分子量一般在 800～1200。离子度越高，污水中杂质团的效果越大，阳离子的离子度也随着脱土设备的高低而决定。因此在投加药剂时，微观层面上阳离子树脂的离子度与处理效果关系密切。

第 4 类：检测与测量

检测与测量适用于控制。检测指某种状态发生或不发生。测量具有定量化及一定精度的特点。此类问题分为 5 个子类，包括 17 种标准解。

4-1 间接法

4-1-1 修改系统替代检测或测量

滤池周期反冲洗，在水处理过程中，过滤时，当滤料截留水中的细小颗粒杂质及悬浮物达到一定程度时，过滤的速度及效果大大下降时，就需要反冲洗。为在每次堵塞前及时进行反冲洗，达到自动化程度，以及防止对滤料产生最大的危害，代替检测，可进行周期性的反冲洗，定时进行。

4-1-2 测量副本

利用测量被测对象的复制品或副本替代对被测对象的直接测量。

4-1-3 将问题转化为连续的测量

若无法用上述间接法进行间接测量时，采用将其转化为连续的测量进行检测。

4-2 建立测量的物场模型

4-2-1 测量的物场模型

完善基本的物场模型或双物场模型结构。

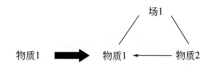

塑料制品连接的小零件，很难发现是否有小孔，可以使塑料制品内充满气体并密封，再将其放置于压力降低的水中，若水中有气泡出现，则存在小孔。实验室中，在检查一些小的塑料制用具是否完好时，也可采用此类方法。

4-2-2 引入物质合成测量的物场模型

若系统难以进行测量，可以引入易检测的附加物，构建新的物场模型，合成测量的物场模型。

4-2-3 与环境一起的测量的物场模型

沼气池液位无法直接测量时，可以利用环境一起表征。水压式沼气池，由发酵池、进出管相连通，当主发酵池加料进水至进出管下端上沿以下适当位置时，三者位置平齐，此时的液面线称作零压线，这时 U 形水柱压力表显示在零处。当沼气池产气后，U 形水柱压力表左右两边的液面也形成一定的高度差。随着产气量的增加，气室里的液面与进、出料间的液面高度差不断加大，U 形水柱压力表上的液面差也随之加大。当沼气用尽时，发酵池和进、出料间三者的液面恢复到同一水平，这时水柱压力表上的读数为零。

4-2-4 从环境中获得物质

如果系统环境不允许引入物质，拆解或改变环境中已有的物质。

气穴现象是指由于压强降低致使溶解在液体中气体的释放，利用气穴现象测量水速，即管道中水流的速度可以通过气穴现象产生的空气气泡量来测量。

4-3 加强测量的物场模型

4-3-1 应用物理效应和现象

检测的有效性通过物理效应加强。

液体的温度随液体传导率的改变而改变，因而传导液体的温度可以通过测量液体传导率的变化来确定。

4-3-2 使用系统共振

如果无法直接测量或检测系统中的变化，并且没有磁场可以通过该系统，则测量整个系统或系统的各个部分来激发共振频率。

谐振式液位传感器，振荡电路的频率随着液位的变化而变化。储水罐便利用谐振频率来测定罐中的水位。

4-3-3 应用加入物体的共振

可以通过与系统相连的物体或环境的自由振动，获得系统变化的信息。

4-4 使用额外的物质和场帮助测量

4-4-1 使用合适的检测物质改进测量

测量水样的 pH 是否大于 8.2 时，可以选用酚酞作为检测物质，酚酞是一种弱有机酸，在 pH<8.2 的溶液里为无色的内酯式结构，当 pH>8.2 时为红色的醌式结构。因此，当 pH<8.2 时，向水样中加入酚酞，溶液不变色；当 pH>8.2 时，向水样中加入酚酞，溶液变为红色。

4-4-2 向系统加入易检测的粒子（如铁磁性粒子）

向系统加入易检测的粒子（如铁磁性粒子），通过检测磁场的作用，获得所需的信息。

4-4-3 向物质中加入可检测的物质

如果不能将可检测粒子（如铁磁体）直接加入系统，或不能用可检测粒子（如铁磁体）替换物质时，则通过可检测粒子加入该物质构建复杂系统。

4-4-4 将可检测物质加入环境

若不允许向系统中加入附加物时，可将可检测物质与环境联系构建测量的物场模型。

4-4-5 利用居里点、霍普金斯和巴克豪森等效应改进测量系统

利用物理效应来提高系统检测与测量的可控性。

使用气穴现象可以获得稳定的、可视的气泡来测得管中的流速。

4-5 测量系统的进化方向

4-5-1 使用多个测量系统获得准确的测量结果

单个测量系统的结果可能不是很准确，可以采用多个测量系统获得准确的测量结果。

4-5-2 进化方向

测量方法的进化会使得测量的准确度提高。

第 5 类：简化与改善策略

此类标准解法专注于对系统的简化和改善，如何通过简化获得额外的东西，又不引入任何新的东西。分为 5 个子类，包括 17 种标准解法。

5-1 引入物质

5-1-1 间接法

有必要引入物质，但又不允许引入时的解决方法。

臭氧对微生物有较强的杀伤力。通过将环境物质（空气）进行分解所获得的臭氧引入水中，用以加强对水的消毒作用。

5-1-2 分割

当需要改进，但又无法更换组件或添加任何新内容时，可以通过将元素划分为更小的单元来更改对象。

5-1-3 应用能"自消失"的附加物

引入系统的物质在执行自己的功能后，在系统中能自我消失或变成与系统中相同的物质存在。

5-1-4 加入虚空物质

使用空隙、泡沫、充气结构等。

气提泵就是压缩空气通过布气器向污水中加入气泡，形成混合液，因含有气泡，混合液密度要比周围原液的密度小，密度差形成升液管内外液体的液面高度变化，使得密度小的混合液随升液管排出。

5-2 引入场

5-2-1 应用已有的一种场产生另一种场

使用系统已经存在的场引入新的场。

5-2-2 应用环境中存在的场

当不允许向系统引入场时，应用环境中存在的场，加强系统的作用。

5-2-3 应用物质创造的场

当需要引入场时，但 5-2-1 和 5-2-2 做法不允许时，应引入产生场的物质，加强系统的作用。

5-3 相变

5-3-1 改变物质状态

使用现有物质的相变改进系统。

在水处理过程中，污水中有大量溶解性的有机物，呈液态，十分难以去除。通常通过向污水中投加化学药剂如聚合氯化铝，将液态溶解性物质变为絮状固体物质，聚集进而沉入池底达到去除目的。

5-3-2 动态化相变

物质从一种相态转换到另一种相态，可以获得双重性质。

在滑冰过程中，通过将刀片上的冰转化成水来减小摩擦力，然后水又结成冰。

5-3-3 使用相变伴随的现象

利用系统中相变过程产生的自然现象或物理效应，加强系统的有效作用。

冷却塔就是利用水作为循环冷却剂，利用水由液态蒸发变为气态过程伴随的吸热现象，将系统中的热转至大气中，保证系统的正常运行。

5-3-4 通过用双相状态代替单相状态来实现双重性质

对产品进行抛光的工作介质不是单一的铁磁研磨颗粒，而是由液体（熔化的铅）和铁磁研磨颗粒双相态物质组成。

5-3-5 相位之间的交互作用

利用分解、合成、电离—再合成等的物理和化学作用，获得物质的产生或消亡，以此来实现提高系统功能的有效性或给系统附加新的功能。

空调机中的制冷剂液体经压缩时吸收热量，冷凝时放出热量，周而复始，不断循环。

5-4 应用物理效应

5-4-1 自我控制的转化

如果一个物体在不同的物理状态之间交替，它应该使用可逆变换，从一种状态转换到另一种状态。

该物质本身能够随着工作环境的改变，自动地实现相变转换，能有效而可靠地、周期性地存在于不同物理状态中。

5-4-2 从弱输入场产生强输出场

当输入场较弱时，为了满足要求产生强作用，必须增强输出场，通常是在相位转换点附近产生的。能量聚集在物质中，输入场起到触发器的作用，促使感应就像"扣扳机"一样来工作，致使系统的输出场得到增强。

测试装置密封性的一种方法是：将物体浸在液体中，同时保持液体上的压力小于物体中的压力，气泡会显现在密封破裂的地方。为增加测试的可视性，可将液体进行加热。

5-5 产生较高或较低形式的物质

5-5-1 获得物质粒子（离子、原子等）以实现解决方案，但又不能直接得到，通过在更高的结构水平上分解物质（例如分子）。

在制备氢气时，但又不能直接引入氢气，将含有氢气的混合物放在密闭的容器中进行电解，从而产生氢气。

5-5-2 通过结合较低结构水平的粒子（例如离子）获得物质粒子（例如分子）

自养微生物以二氧化碳作为碳源，无机氮化物作为氮源，通过光合作用获得能量。

5-5-3 标准解法 5-5-1 及标准解法 5-5-2 结合使用。

如果需要更高层级的物质降解，又不能降解，就用次高级水平物质代替；如果需要更低层级物质组合，可以用次高一级的物质代替。

第 1 类：针对有害作用的标准解

该类标准解共有 24 种，分为 4 个子类。这 24 种标准解可以用于任何方面，不局限于工程技术。

1-1 修剪或消除有害作用

删除与系统可实现功能不相关的任何成分，以及会产生有害、高成本、不必要和困难的部分，将多个组件精简成一个可以提供所有功能的组件（附录 4，3-1-4）。

删除有害作用的组成部分时，可以通过以下 6 个问题协助解决：

1-1-1 对于任何组件，是否实现有效的功能？

如果不是，则移除该组件。

1-1-2 该对象是否实现有效的功能？

如果是，那么精简主体，将实现有效功能的任务转移到该对象。

1-1-3 是否有其他组件能够实现有效的功能？

如果是，则精简主体，并将实现有效的功能任务传递给其他组件。

1-1-4 资源是否可以实现有效的功能？

如果是，那么精简主体，并将实现有效的功能任务传递给资源。

1-1-5 我们是否可以在主体实现了有效的功能之后对其进行修剪？

如果是，那就修剪掉这个主体。

1-1-6 我们是否可以修剪有害的部分，但保留有用的部分？

如果是，那么只移除主体中有危害的部分，或者只移除客体中有危害的部分。

1-2 阻止有害作用

1-2-1 用相反的动作来抵消有害作用（附录 4，1-2-4）。

1-2-2 改变物质，使其对有害作用不敏感。

1-2-3 改变有害行为产生的区域、持续时间，降低其负面的影响。

1-2-4 通过引入新物质来避免有害作用（附录 4，1-2-1）。

通过引入由现有组件元素制成的物质来阻断有害作用（附录 4，1-2-2）。

1-2-5 引入一种吸收伤害的物质来消除有害效应（附录 4，1-2-3）。

1-2-6 需要避免有害作用的物质，施加全部作用至与之相连的物质上，以此隔离有害作用。

1-2-7 部分施加强场。

当某一强大的场只在部分地方起作用时，采用最大模式，在所需力较弱或不需要且会产生危害的地方加入保护物质（附录 4，1-1-7）。

1-2-8 部分施加弱场。

当某一强大的场只在部分地方起作用时，采用最小模式，在需要的地方增加物质来增强场（附录 4，1-1-6）。

1-2-9 使用子系统来阻止伤害。

1-2-10 使用超系统来阻止伤害。

1-2-11 通过系统中的某些特性来消除危害（附录 4，1-2-5）。

1-3 转化有害作用为效益

1-3-1 用一种有害作用抵消另一种有害作用。

1-3-2 用有害作用来产生效益。

1-3-3 增加另一种有害作用，使两种有害作用组合后不再产生有害的影响。

1-3-4 放大有害作用，直到它带来效益。

1-4 修正有害作用

1-4-1 消除有害作用产生的任何有害后果。

1-4-2 对于某一有害作用产生的不可避免的有害影响，可以添加预先或同时能够产生反危害的行为来抵消。

1-4-3 使用在工作后消失的物质或者与系统（或环境）中已存在的物质相同的物质（附录 4，5-1-3）。

第 2 类：针对不足的标准解

该类标准解共有 35 种，分为 3 个子类。当系统中不存在有害作用，但存在不足，即在某种程度上不足以达到预期效果，比如太弱、太慢或太不受控制。

2-1 在主体或客体中添加成分

2-1-1 引入内部添加剂，这些添加剂可以是永久的或暂时的（附录 4，1-1-2）。

如果不能添加永久存在的新物质，可以引入一些加入后可以消失或分解的物质（附录 4，5-1-3）。

2-1-2 在主体和客体之间添加可以增强或传递功能的成分。

2-1-3 利用环境（或物质）来增强或提供功能（附录 4，1-1-4）。

2-1-4 当需要提供额外的功能或者对功能在某种程度上进行改变，但组件并不容易改变时，可以用另一个外部环境替换现有的（附录 4，1-1-5）。

2-1-5 引入外部添加剂，以提供额外功能或对其进行改善（附录 4，1-1-3）。

2-1-6 添加一些可以从环境中提取的成分来增强功能。

2-1-7 在不能增加任何成分的情况下，使用系统、组件或环境中任何元素的分解来实现功能的增强（附录 4，5-1-1）。

2-2 改变主体和客体

2-2-1 当需要改进但我们不能替换组件或添加任何新成分时，将元素分割成更小的单元来改变对象（附录 4，5-1-2）。

2-2-2 引入空隙、场、空气、气泡、泡沫，增加多孔或毛细管材料的破碎程度，使气体或液体能够通过（附录 4，2-2-3 和 5-1-4）。

2-2-3 增加相似（或不相似）的系统与另一个相似（或不相似）的系统结合（附录4，3-1-1）。

2-2-4 提高系统的动态性来提高系统效率（附录4，2-2-4）。

2-2-5 加强系统要素之间的联系（附录4，3-1-2）。

2-2-6 系统转换，增加相互之间的差异，直至相反（附录4，3-1-3）。

2-2-7 在子系统级别提供一个功能，在超系统级别提供相反的功能（附录4，3-1-5）。

2-2-8 将系统转移到微观层面（附录4，3-2-1）。

2-2-9 开发系统的一部分或一个组件并交付自己的额外功能（附录4，2-1-1）。

2-2-10 改变组件或物质，包括从均匀的物质或不受控的物质，到具有预定空间结构的不均匀物质——时间变化可以是永久的或暂时的。

2-3 当动作作用缺失或存在不足时，需要增强动作的作用

2-3-1 当需要提供一些额外的功能或进行改变，但不易改变时，添加新动作来提供额外的功能（附录4，1-1-1）。

2-3-2 如果不能改变现有的系统元素，用更好的动作取代低效或不易控制的动作（附录4，2-2-1）。

2-3-3 找到更好的动作进一步改进动作的作用效果。

2-3-4 将统一的动作转变为具有预定模式的动作（可能是永久的或临时的）（附录4，2-2-5）。

2-3-5 使动作的固有频率与主体或它所作用的客体的固有频率相匹配或不匹配来提高系统中动作的有效性（附录4，2-3-2）。

2-3-6 通过匹配或不匹配正在使用的不同场的频率来提高系统内的动作有效性（附录4，2-3-2）。

2-3-7 要实现两个不兼容的动作，请在一个动作停止时执行另一个动作（附录4，2-3-3）。

2-3-8 使用系统中存在的动作来创建另一个动作（附录4，5-2-1）。

2-3-9 使用环境中存在的动作（重力、环境温度、压力、阳光）（附录4，5-2-2）。

2-3-10 使用系统或环境中已经存在的东西作为额外动作的来源以实现额外的动作（附录4，5-2-3）。

2-3-11 如果有微小量的需要，但又无法精确控制微小量，可以使用较多量，并在事后去除多余的部分（附录4，1-1-6）。

2-3-12 使用少量的活性添加剂。

2-3-13 将添加剂浓缩在特定位置。

2-3-14 暂时引入添加剂。

2-3-15 如果不允许使用添加剂，则使用可以使用添加剂的对象的副本或模型。

2-3-16 通过改变现有动作或物质的状态来改进动作或场（附录4，5-3-1）。

2-3-17 通过使用伴随相变的现象来实现一个动作（附录4，5-3-3）。

2-3-18 使用能够从一种相状态转换为另一种相状态的物质来实现具有双重性质的动作（附录4，5-3-2）。

用双相状态取代单相状态（附录4，5-3-2）。

通过在系统各部分之间建立相互作用来诱导双相状态（附录 4，5-3-5）。

第 3 类：测量

共有 17 种标准解，该部分与传统标准解测量部分相同，见附录 4——第 4 类：检测与测量。